无可厚非
生活伦理与美学

闲散一些
也无可厚非

[美] 艾莉森·孙（Alison Suen）——著

李昂——译

WHY IT'S OK
TO BE A SLACKER

中国出版集团
中译出版社

图书在版编目（CIP）数据

闲散一些也无可厚非 /（美）艾莉森·孙
(Alison Suen) 著；李昂译. —北京：中译出版社，
2024.1

书名原文：Why It's OK to Be a Slacker
ISBN 978-7-5001-7575-9

I. ①闲… II. ①艾…②李… III. ①心理学—通俗
读物 IV. ①B84-49

中国国家版本馆CIP数据核字（2023）第179360号

著作权合同登记号：图字01-2022-1796

闲散一些也无可厚非
XIANSAN YIXIE YE WUKEHOUFEI

出版发行： 中译出版社
地　　址： 北京市西城区新街口外大街28号普天德胜大厦主楼4层
电　　话：（010）68002926　　　　**邮　　编：** 100044
电子邮箱： book@ctph.com.cn　　　　**网　　址：** http://www.ctph.com.cn

出 版 人： 乔卫兵
总 策 划： 刘永淳　　　　　　　　　**策划编辑：** 周晓宇
责任编辑： 于建军
封面设计： 潘　峰　　　　　　　　　**内文设计：** 宝蕾元

印　　刷： 北京盛通印刷股份有限公司
经　　销： 新华书店

规　　格： 880毫米×1230毫米　1/32
印　　张： 7.75　　　　　　　　　　**版　　次：** 2024年1月第1版
字　　数： 135千字　　　　　　　　**印　　次：** 2024年1月第1次
ISBN 978-7-5001-7575-9　　　　　　**定　　价：** 48.00元

献给鲍勃（Bob）和约瑟夫（Joseph）———

我认识的两个最勤奋的人

生活伦理与美学丛书

我们生活中的伦理与美学

哲学家们经常为不合适的立场寻找有说服力的论据。比如最近，哲学家们就在反对结婚生子、支持人与动物平等相处、批评一些流行艺术审美低下。然而，哲学家们很少为人类普遍存在的行为提供令人信服的论据，比如结婚、生孩子、吃动物和看电影等行为。如果哲学能够帮助我们反思生活，并为我们的信仰和行为提供合理的理由，而哲学家们却忽视了对大多数人（包括他们自己）真实的生活方式的论证，这似乎就有点奇怪了。不幸的是，哲学家对"常态"的忽视意味着，他们并没有为人类的生活方式提出辩护，甚至还发表长篇大论进行谴责，而正是这些生活方式界定了现代社会的模样。

《无可厚非：我们生活中的伦理与美学》丛书试图纠正这一点。这套丛书为人们普遍接受的伦理观和美学观提供的论据通俗易懂、全面透彻，通常富有新意和创造性。这套丛书每本篇幅都不长，没有任何哲学背景的读者也能轻松读懂。其理念在于，哲学不仅能够批评现状，同等重要的是，还能帮助我们理解我们已经相信的事物。这套丛书并不是要让我们对自己看重的东西感到自满，相反，是让我们更深入地思考令我们的日常生活有意义的那些价值观。

序　言

　　生活在一个提倡超高生产力的社会，一个闲散的人就会遭到排斥——或者至少我们认为应该遭到排斥。我们的社会对闲散如此厌恶，可是似乎到处都是闲散的人，这相当令人惊异。我们很多人在生活中都遇到过闲散的人。也许你的同事轮班总是迟到；也许你不幸要和一个闲散的同学一起做小组作业；也许你的"宝贝儿子"30岁了，还住在你的地下室里；也许你就是那个自己每天都要面对的闲散者。粗略浏览一下手机的应用程序商店，我们就会发现很多人都在与他们内心的闲散做斗争——有很多应用程序声称可以屏蔽干扰，加强时间管理，最终提高工作效率。闲散者无处不在，又背负"闲散"这样的"污名"，这便使他们更有趣了。

　　事实上，我正因为闲散才对这个话题感兴趣。每次我推迟批改论文，或者眼看一篇文章的截止日期要到了却迟迟不动笔，我都会问自己："我是个闲散者吗？"然而，就在提出这个问题的下一秒，我就想知道这重要吗。谁会在乎我是否闲散呢？除了我自己，还有谁会评判我呢？即使我真是个闲散的人，我为什么要因此而烦恼呢？写这本书给了我一个深入思考这些问题的机会。无可否认，从事闲散者研究并著书立说为其辩护颇有些讽刺意味。当我与我的朋友和同事讨论这个计划时，许多人都发表了看法，说我试图在计划时间内完成一本拥护闲散的书，这本身就很"言行不一"。我的一位同事坚持认为，如果我想要有说服力，就应该几番错过截止日期。（但我稍后将论证，闲散者不一定就会拖延。）另一位同事则指出，作为一名教授为闲散者辩护对我只有坏处，因为这会予人以口实。这位同事还半开玩笑地预言，在未来的学期里，我会收到很多迟交或不合格的论文，因此后悔写了这样一本书。当然，我同事的担心是基于这样的假设：一个闲散的学生有足够的动力去拿起一本不是他们这门课程必读的书。我的同事设想了这样一个不太可能的情景——一个闲散的学生指着我的书来为自己的闲散找借口："可是孙教授，您在书中说……"我相信，只要我对闲散者的理解正确，闲散的学生用我的书来为闲散辩护的可能性是相当小的。

在为这本书做研究的过程中，我注意到一个特别奇怪但或许令人欣慰的现象，那就是我并不是唯一一个因闲散而自责的学者。我的许多同事和朋友也认为他们自己很闲散，尽管他们的职业生涯都硕果累累。我在第二章中会更深入地谈谈这类"自我鞭笞的闲散者"。但现在来看，值得注意的是，闲散不仅在理论层面上很有趣，而且在存在层面上也很有趣。对于学者来说，学术界盛行的"不发表，就淘汰"模式意味着我们的饭碗取决于产出。工作时间表灵活且相对松散，这意味着我们必须自我激励和足够自律才能完成工作。超高生产力和自律的双重要求常常会使我们对职业道德产生不切实际的期望。头脑中一直有一个声音在责备我们，提醒我们那些一直疏于关注的研究项目、需要提交的会议提案，还有那堆上周就应该批改的学生论文。繁重的学术工作让我们觉得自己总是很闲散。

我在第四章中会深入谈谈学术上的闲散者，但他们只是闲散者中的一类，而且可能是一种相当不同寻常的类型。很多人对闲散者的印象是没有野心，生活中缺乏抱负。典型的闲散者通常缺乏生活目标，并对此无动于衷。而这种冷漠的态度令很多人百思不得其解，毕竟，一个人怎么可能不关心自己在做什么或者自己会成为什么样的人呢？闲散者似乎尤其不可救药，因为他们甚至没有意识到自己的闲散是个问题。但是无所事事或者得过且过到底有什么错呢？我们如何才能最好地理解我们对闲散者的不满呢？我们的不满有道理吗？

是什么使闲散有别于休闲、拖延、赋闲或懒惰？这些都是我将在本书中探讨的问题。

除了研究典型的闲散者，我还对我们的高生产力文化得以蓬勃发展的条件十分感兴趣。毫无疑问，这样的文化与资本主义的兴起密不可分。德国社会学家马克斯·韦伯（Max Weber，1864—1920）提出了一个知名的论点，即新教徒的生活伦理思想影响了资本主义的发展。他认为"工作至上"这一观点在一定程度上来自加尔文主义的宿命论。该学说的基本思想是：我们会被拯救还是永远受到诅咒是由上帝预先决定的，我们在世上做任何事情之前就已经决定了。我们在神面前"称义"，单是因信，非因行为❶。有趣的是，即使不确定上帝是否拣选了我们，我们仍然要像被上帝拣选了一样行事，因为"缺乏自信是信仰不足的结果"。"世俗活动"，比如工作，被认为是培养自信和对抗宗教信仰问题所引发的焦虑的一种方式。工作努力说明信念坚定，因此，尽管努力工作不是救赎的手段，但它却是被上帝选中的"标志"。根据韦伯的观点，这种难以抑制的工作需求（用来证明我们得到救赎），加上新教的禁欲主义，不可避免地致使财富得到积

---

❶ 基督教认为，因信称义的教义不是说罪人是因为相信，借着其信心而被称为义，而在于承认上帝提供了一切称义的所需，以至罪人要做的，就是接受它。——译者注

累，从而产生了资本主义。如今，美国人似乎已经放弃了节俭，转而喜欢炫富，但他们仍将"勤奋"作为自己的核心价值观之一。

要分析我们的高生产力文化，除了从经济结构和神学基础的角度入手之外，还有很多途径。例如，我们可以研究促成这种文化的社会、历史和政治条件。鉴于我所从事的研究，我将尝试从哲学的角度来进行分析。我想从存在主义的角度来理解我们的高生产力文化。也就是说，我想在努力理解我们存在的（所谓的）本质前提下，审视我们的高生产力文化。工作是如何塑造我们看待自己的方式的？反过来，我们对自己的看法是如何塑造我们对工作的理解方式的？生而为人是否与富有成效有任何关系？我们将会看到，高生产力不仅对资本主义至关重要，而且对我们的主体性也至关重要。"我们是谁"和"我们做了什么"是息息相关的。前面提到的"不发表，就淘汰"的模式生动地表达了这样一种观点，即我们的工作决定了我们的身份——不发表东西，我们就连学者也不是了。

行动决定现状。我们有许多不同途径，通过不同种类的事情，比如家务、学校作业、业余兴趣或项目等来提高生产力。为了付房租而工作，只是我们劳动的诸多原因之一。所以，我所说的"工作"和"高生产力"并不仅仅指我们的日常工作。在我看来，这两个术语在广义上指的是"行动"，或指我们为了使自己有用或获得一定成就而做的事情（而不是仅仅为了消磨时间）。我们将在后面的章节中重新审视"存在"和"行动"之间的联系。就目前而言，我们只需要知道：生产力不仅与工作有关，也与我们对自己的理解有关。

目录

闲散一些也
无可厚非

"别再闲散了！"当你沉迷于电子游戏不能自拔时，你的父母可能对你说过这句话；或者当你懒洋洋地躺在沙发上刷照片墙（Instagram）[1]时，你的室友可能对你说过这句话；甚至可能是你在无所事事的时候对自己说过这句话。但为什么不能慵懒闲散呢？难道不做些有用的事，就那么不好吗？

基于超高的生产力文化，本书作者艾莉森·孙（Alison Suen）以批判性的眼光质疑我们对闲散者的不满，也就是那些得过且过、苟且偷安的人。她在本书中对闲散者进行了分类，分析了对闲散者的常见批评，并认为这些批评要么无效，要么其前提就有问题。当然，尽管这本书为闲散辩护，却并没有像一些崇尚休闲的学者所主张的那样，宣扬闲散者的生活方式是通向更美好的未来（比如文化进步和自我实现）的正道。事实上，孙认为，闲散之所以独一无二，正是因为它与崇高事业毫

---

❶ 照片墙，一款在移动端运行的社交软件，以一种快速、美妙和有趣的方式将你随时抓拍下的图片分享出去。——译者注

无关系。闲散既不是对社会弊病的蓄意抗议，也不是通向独立自主的道路。闲散的人只不过是闲散而已。通过研究超高生产力文化，孙认为，做一个闲散者实际上也无可厚非。

美好的人生是行动的人生

早在资本主义兴起之前，人们就开始论述"行动"的重要性了。要想了解其悠久的历史，我们可以来看看古希腊哲学家亚里士多德（Aristotle，前384—322）是怎么说的。对于那些不愿成就自己的人，亚里士多德认为，如果他们不愿意采取行动，他们的人性就岌岌可危了。在他的伦理学著作《尼各马可伦理学》（*Nicomachean Ethics*）中，亚里士多德提出了一种重视行动或活动的美好生活方式。他主要对探索人类幸福的本质感兴趣，这种幸福是人类所特有的。重要的是，幸福不仅仅是一种心理状态，不仅仅是指你在考试中得了"A"，或和恋人约会顺利后感受到的快乐。幸福不是富有或过着享乐的生活，也不是过着受人尊敬的生活。事实上，幸福是一种活动。具体来说，是我们理性的灵魂❶发挥作用的活动。要理解亚里士多德关于幸福的观点，我们需要了解美德

---

❶ 亚里士多德认为灵魂包括三部分，即植物的灵魂、动物的灵魂和理性的灵魂。——译者注

在他的伦理学中的重要性。

要获得幸福，就必须"有德"。亚里士多德所指的"德"不仅仅是指道德上的善。对希腊人来说，"美德"指的是具备卓越的业务水平；它可以扩展至非道德的功能或能力。比如，如果心脏外科医生能成功地做好心脏手术，他就是个有德的医生；小提琴家能优雅地拉小提琴，他就是个有德的小提琴家；酒保能在卖酒时不缺斤短两，他就是个有德的酒保。事实上，即使是非人类生物或物体也可以有德：一匹马如果跑得快就是有德的马；一把椅子如果结实舒适就是有德的椅子。因此，"有德"的含义类似于"能做好本职工作"。同样的道理，人类要想有德，就必须充分履行自己的职责或发挥自己的才能。此外，我们需要执行的不仅仅是随便什么功能，而是我们特有的功能，正是这种功能使我们成为人类。毕竟，我们有各种各样的功能，而且并不是所有的功能都是我们人类独有的。我们能生长，植物也能；我们能感知，动物也能。仅仅由生长和感知组成的生命不能说是独一无二的或严格意义上的人类的生命。在亚里士多德看来，理性是人类特有的功能，所以，人类要做到"有德"，就必须运用理性。这就是"幸福"（eudaimonia）经常被翻译为"繁荣"（flourishing）的原因。只有在运用理性的能力时，我们才能实现幸福——人类的繁荣。

在亚里士多德关于幸福的概念中，行动或活动起着核心作用。只有通过运用我们的能力，我们才能获得幸福，即"我们因正义之举而正义，因温和之举而温和，因勇敢之举而勇敢"。由于人类的繁荣只有通过行动才能实现，所以它并不是一种静止的状态。亚里士多德用了一个类比来说明这一点："在奥林匹克运动会上获得加冕的不是那些最具吸引力和最强壮的运动员，而是那些奋力拼搏的运动员（因为胜利者就在他们之中产生），所以生活中只有那些正确行动的人才能获得高尚和美好的东西。"如果运动员拥有跑得快的能力，却没有参加比赛，是不能获得奥林匹克奖牌的。同样的道理，一个有着理性能力却几乎不用的人，过的也不是符合他们身份的生活。我们不会仅仅因为拥有理性的能力就获得幸福，而是还需要运用这种能力。

关于亚里士多德的美德伦理学有很多可探讨的内容，但本书的重点不在于讨论伦理学。从本书的角度出发，亚里士多德伦理学中的两个观点特别值得关注。首先，美好的人生是行动的人生。只有通过运用我们的理性能力或理性地去行事，我们才能获得幸福。其次，人类有一种符合自己身份的特殊生活方式。幸福意味着过一种配得上我们身份的生活。美好生活是由一个人的行为来定义的，只有当我们不辜负人们对我们的期望时，我们才能拥有美好的生活。

我用亚里士多德来说明我们的高生产力文化历史有多悠久，这可能会让熟悉亚里士多德著作的人感到惊讶，因为亚里士多德崇尚休闲的观点也很有名。比如他说过，"幸福似乎存在于闲暇之中，我们是为了闲暇而忙碌，发动战争则是为了和平地生活"。很明显，亚里士多德认为工作要排在休闲的后面。第一章中提到的两位崇尚休闲的思想家，将休闲的谱系一直追溯到亚里士多德时代。所以，把亚里士多德作为高生产力文化的先驱，可能容易误导人。不过，亚里士多德在认可休闲的同时强调行动，要解决其间的矛盾，就需要阐明亚里士多德眼中"工作"的意义。约瑟夫·皮珀（Josef Pieper）之所以替休闲辩护，是受到了亚里士多德的启发。皮珀使我们认识到，休闲使我们能够沉思默想，使我们能够抛开日常生活的琐事进行哲学思考。我们只有从机械劳动中解放出来，才能成为幸福的人类。所以，在讨论休闲时，亚里士多德所指的工作主要是艰苦的体力劳动，或者说是我们为了生计而从事的劳动。休闲虽然与工作相对立，但它与活动和行动却是水乳交融。事实上，休闲远非无所事事或懒懒散散。相反，休闲是有目的的——它是一种理性的沉思活动，使我们能够实现更高层次的精神追求。

闲散者的定义

那么，闲散到底有什么错呢？我们没有什么成就，这为什么是件坏事？要回答这些问题，我们首先需要给闲散者下一个明确的定义。以下是我的看法：

1.闲散者是指成绩平平的人；也就是说，他们没有发挥出自己的潜力。2.闲散者成绩平平，通常是他们不努力或不够努力的结果。3.闲散者不努力或不够努力是因为，他们不在乎成为社会所期望的有用的人。

让我们来看看第一种情况，即闲散的人成绩平平。需要注意的是，闲散者不一定是成就低或没有成就的人。闲散者成就"低"是相对于他们本可以取得的成就而言。简单地说，他们没有发挥出自己的潜力，或者没有达到人们对他们的期望。假设一位才华横溢的小说家出版的第一部小说立即成了畅销书，获得了无数的赞誉。于是，这位天才小说家认为拥有一部成功的小说足矣，便懒得再写了。当然，没有人会否认，著有一部获奖的畅销小说是个了不起的成就。因此，以任何传统标准来衡量，这位小说家的成就都肯定不算"低"。然而就这位小说家而言，他天资聪颖，却没有取得更大的成就，我们就会认为这位小说家成就不高。另一方面，成就不高的人不一定就闲散。假设一个学生学微积分，但天赋不够。他可能非常努力地学习，但考试还是不及格。那么，即使他微积分成绩很差，他也不是一个闲散的人。

再来看第二种情况，即他们不够努力。找出为什么他们缺乏努力的原因很重要，因为并不是所有未发挥潜能的人都闲散。一些潜能未发挥出来的人之所以没有充分发挥他们的潜力，可能是外部原因，而不是因为他们没有努力。假设有一名学生，平均学分绩点高达4.0，本来能成为优秀毕业生，却不幸在最后一学期遇到了困难，结果这学期的课程都刚刚及格。这名学生当然有能力取得更好的平均学分绩点，但他成绩差并不是因为缺乏努力，因此他不是闲散者。闲散者是指那些尽管有机会发挥自己的潜力，却把自己可能拥有的技能或天赋浪费掉的人。

第三种情况，即闲散者的态度。具体来说，就是他们对使自己成为有用之人的社会期望不在乎。我认为，这就是闲散有别于勤奋的其他反义词（比如懒惰或走捷径）之处。闲散者不努力是因为他们没有想要有所成就的迫切愿望。闲散者对成为有所成就、有目标，甚至只是成为有用的人都不感兴趣。这并不是说他们从心底里反感成功或成就，他们只是不在乎这些。闲散者不努力是因为他们不在乎。

继续分析之前，我们先要明确一点，那就是闲散者的冷漠态度与他们的个人成长和成就有关。许多人认为闲散者就是那种既懒惰又以自我为中心的青少年，除了玩电子游戏什么都不在乎，然而这是十足的刻板印象。一个不在乎自己是否成功的人不一定就麻木不仁。毫无疑问，有很多闲散者凡事漠不关心，以自我为中心。但我稍后将讨论这一点，并不是所有的闲散者都如此。很多闲散的人也喜欢吃冰激凌，但这并不意味着喜欢吃冰激凌的人就一定是闲散的人。至于以自我为中心这一点，我将在第五章中更详细地进行反驳。就目前而言，我们先了解闲散者对他们的个人成就持冷漠态度就够了。

我认为这种对成功或成就的冷漠态度是决定一个人是不是闲散者的关键所在。一个缺乏努力、成绩平平的人仍可能非常在意成功和成就，这样的人就不是真正的闲散。例如，一个作家可能会因为嗜酒而没有尽可能多地发表作品，从而对自己无甚成就感到内疚，或者可能会嫉妒其他著作等身的作家。尽管这位懒惰的作家由于缺乏努力而未充分发挥潜能，但他却不是不在乎。太在意成功的人不可能是一个闲散的人，即使看起来很闲散也不是。

再举一个例子。一名学生在写学期论文时抄袭了一本学术期刊上的文章，被发现后成绩被判定为不及格。假设这名学生聪明且能力很强，如果他肯努力的话，本可以写出一篇得A的论文。就他的能力而言，作业不及格肯定是成绩平平。而他未充分发挥潜能是努力不足的直接结果，因为他没有努力学习，而是走了捷径。话虽如此，走捷径的人却未必会是闲散者。这个抄袭的学生可能仍然在某种程度上在意自己的学术成就。事实上，他可能正是因为希望靠"耍小聪明"能提高成绩，才剽窃了别人的学术成果。相比之下，闲散的学生无所谓学业成绩得分高低。闲散的学生可能不会抄袭，而是在截止日期前一天晚上匆忙完成一篇质量不高的论文，交上去了事。闲散的学生不图得一个好成绩，只求能及格就行。

总而言之，闲散者就是那些尽管有潜力和机会，却不愿有所成就的人。他们不认为我们应该努力成为最好的自己，也不认为生活需要目的或目标。此外，闲散不仅是一种行为（或缺乏某些行为），也是一种态度。如果没有这种对成功漠不关心的态度，那么这个人就只是表面上闲散，精神上并不闲散。

对闲散者的一些常见指责

有了以上明确的定义，我们再来梳理一些针对闲散者的常见指责。有人可能会对闲散者感到反感，因为他们逃避责任，从而大大增加了他人的工作量；也有人可能会说，即使闲散者愿意做自己的那份工作，只做最起码的工作也是不够的。这些人认为，我们每个人都应该尽可能多地为社会做贡献。我们不仅需要做到不把额外的工作强加给别人，也需要做出积极贡献。在这些人眼中，闲散的人没有尽心尽力奉献自己，像寄生虫似的。

除此之外，许多人还认为浪费自己的才能是对其他人的伤害。有些人认为，有天赋的人应该用他们的天赋做一些事情。比如，一个才华横溢的小提琴家整天不练琴也不演出，无所事事，这就让世界失去了一个伟大的音乐家。不管这样的人天赋多高，都可能有人含辛茹苦地培养过他们，比如他们的导师或父母。因此，闲散者在浪费自己才华的同时，也浪费了别人投入的时间和精力。因此，闲散的人令人反感，是因为他们自私、忘恩负义。

撇开对社会的贡献这一宏观问题不谈，有些人可能会说，即使在微观的个人层面上，做一个闲散的人也是不好的。一方面，有些人认为，闲散的人有责任让自己有所成就。小提琴家因为自己满不在乎而浪费了自己的艺术天赋，这对世界和他自己都是一种伤害。另一方面，我们对自己的认识通常是由我们做了什么、生产了什么或完成了什么来决定的。我们通过发挥自己的潜力来获得自己的身份。如果闲散者对挖掘自己的潜力漠不关心，那么不仅工作出不了成绩，也无法拥有自己独特的身份。因此，闲散的问题伤害的已经不只是这3个方面了。

届时我会对上述问题予以讨论。现在，我只强调本书中两个反复出现的主题。其一，有一些人尝试从哲学角度来为休闲或闲散辩护，但每次都在不同程度上把所要倡导的理想工具化了。其二，生产力文化将我们的身份简化为我们所做的事情，这一方式得到了崇尚休闲的思想家们公正的评论；然而，他们也认同，活出真我是有正确方法的，要获得自己的身份，就要做相应的事。

每章内容预览

闲散是否可以容忍，至少在一定程度上取决于什么样的行为被归于闲散，或者说取决于谁是闲散者。事实上，如果我们缺乏对闲散者的正确认识，那么就很难理解某些反对闲散的意见。因此，本书围绕两个主要的问题展开：1.什么样的人叫闲散者？（第二章至第四章）；2.做个闲散者可以吗？（第五章至第七章）。第二章到第四章描绘了一个典型的闲散者的形象，以及以此为基础的各类闲散者形象。第五章至第七章从不同的角度解读闲散，为闲散者辩护。主要对辩护感兴趣或者希望尽量减少阅读量的读者，建议跳过前四章和结论章。

第一章　为什么要说说闲散？

第一章将在超高生产力文化这一大背景下讨论闲散的话题。本章参考了近期有关"休闲"或"闲散"的文献，探讨了6位哲学家、思想家在这一问题上的观点，这些观点都对"工作至上"的观念提出了质疑。无论这6种观点拥护的是休闲、游手好闲、闲散还是不工作，它们都以某种形式"反勤奋"。为了便于理解，我将它们统称为"崇尚休闲"的观点。正如许多崇尚休闲的思想家所指出的那样，休闲常常被认为是服务于生产力的东西，例如鼓励小睡是为了能让工作更有效率，设立假期是为了避免工作倦怠。在资本主义制度下，休闲经常被商品化为一种优化生产力的工具。

为了纠正这种看法，崇尚休闲的思想家提出，休闲具有其内在价值。有思想家认为，休闲使我们能够为了知识而寻求知识；另一些思想家则强调休闲具有无目的性。然而，在这些思想家推崇休闲的过程中，许多人最终将休闲作为一种更可取的生活方式来赞扬。对一些人来说，休闲是一种政治抵抗；对另一些人来说，休闲则使我们能够自由而真实地生活。这些思想家为休闲赋予了更高的目标，从而在不经意间也将休闲工具化了，但不再是资本主义的工具，而是人类繁荣的工具。我要指出的是，我对闲散的辩护不同于这些崇尚休闲的观点，因为我并没有试图将闲散崇高化。事实上，既然说闲散者对什么事情都漠不关心、毫无目的，那么闲散是不会被工具化的。

第二章　闲散者有哪些不同类型？

第二章对闲散者进行了分类，列举了不同类型的闲散者，并说明了闲散不是一件非黑即白的事情——我们并不能简单地把一个人称作闲散者或非闲散者。我将讨论3种类型的闲散者，分别是伪闲散者、表现型闲散者和反主流文化型闲散者。首先，伪闲散者是指那些自称闲散的人，但他们缺乏闲散者的基本特征。这些伪闲散者出于不同的原因认为自己闲散。有些人只是对他们的工作量有误解，或者对怎样才算生产力高或成就高有误解；有些人假装闲散是为了合群，而另一些人则是为了吹嘘自己有多成功。其次，表现型闲散者指的是那些炫耀自己闲散的人。对他们来说，闲散是地位的象征。表现型闲散者利用闲散来炫耀自己的特权或让自己受欢迎。最后，反主流文化型闲散者是故意将闲散作为一种生活方式的人。对他们来说，闲散是一种批判资本主义和企业贪婪的方式。这类闲散者通过拒绝做有用的人来对抗生产力对人们生活和行为方式的控制。比如，理查德·林克莱特（Richard Linklater）1991年出品的电影《都市浪人》（*Slacker*）就生动地刻画了这类政治性闲散者。

反主流文化型闲散者乍一看似乎就是本书试图分析的典型闲散者，毕竟，他们的闲散既不是装出来的，也不是出于炫耀的目的。他们闲散是因为他们不认同所有人都要为公司利益服务的生产力文化。然而，我要说的是，做一个反主流文化型闲散者是有一些讽刺意味的——一旦我们把闲散用于进行政治抵抗，它就变成了达到目的的一种手段。而无论出于多么高尚的目的，闲散都再次被工具化了。

第三章　好莱坞式闲散者是十足的闲散者吗？

我们在第三章要讨论的是好莱坞电影中经典的闲散者形象。许多好莱坞电影都塑造了教科书级别的闲散者形象：他们缺乏人生目标，没有改变生活的动力，而且通常对自己的闲散状态无动于衷。我将这些闲散者分为三类：改过自新型、唱反调型和无缘无故型。

第一种是改过自新型闲散者。改过自新是这些闲散者电影里的常见桥段。虽然电影一开始的时候，闲散者往往都不讨喜，但随着故事的发展，这个闲散者从一个既不负责任又不成熟的闲散者蜕变成了有担当、对社会有贡献的人。第二种是唱反调型闲散者。他们用闲散来"针砭时弊"，认为闲散也是一条通往美好生活的道路，一条摆脱乏味和枯燥的职场生活的道路。第三种是无缘无故型闲散者。不同于唱反调型闲散者，无缘无故型闲散者的闲散不是出于更高的目标。他们没有什么改过自新的故事，也不会对资本主义意识形态提出抗议或进行抵抗。如果我们把不同类型的闲散者放在一起进行比较，无缘无故型闲散者就是十足的闲散者，他们体现了真正的闲散者的生活方式和态度。

第四章　如何识别学术闲散者？

虽然每个行业都有闲散的人，但第四章将重点介绍学术闲散者，即闲散的学生和教授。闲散的学生似乎是一种独特的闲散者，因为"学生"并不是什么拿报酬的工作。正如前面所提到的，人们指责闲散者，普遍是因为闲散者对社会没有贡献，是不尽职的、"吃白食"的人。但从哪种意义上来说，在某门课上成绩得C就意味着"吃白食"呢？同样地，从哪种意义上来说，成绩全A就是对社会有意义的"贡献"？我认为，这就是为什么我们要给闲散者下一个定义，这个定义也要体现这一类没有发挥出自己潜能的人，即使他们没有获得报酬，也没有人期望他们对社会"做出贡献"。

对于典型的闲散的学生，最恰当的描述就是一个满足于考试及格的人，一个信奉"60分万岁"的人。同样，要说一个教授闲散，不是指责他的什么过失，而是和形容闲散学生一样，是说他得过且过。当然，和闲散学生不一样的是，教授确实可以通过教学得到报酬。所以，闲散学生令人反感的原因和闲散教授令人反感的原因不一定相同。

第五章　闲散是道德败坏吗？

第五章讨论了我在第四章提出的对学术闲散者的几项指

责。这些指责包括：1.闲散者是不负责任的寄生虫；2.闲散者会利用不公平的制度；3.闲散者会给别人带来精神上的痛苦。我会在正文中对此进行详细陈述，现在我只想说，当我们批评闲散者时，重要的是要明确我们批评闲散者的什么特征。这些特征真的是闲散者普遍具备的吗？还是我们批评的是一些很常见的特征，而这些特征只会偶然出现在闲散者身上，不过我们下意识地将其归为只有闲散者才有的特征？回想一下我之前举过的一个例子：有很多闲散的人喜欢吃冰激凌，但这并不意味着吃冰激凌的人就都是闲散的人。也许这些被我们归咎于闲散者的负面特征是偶然出现的，而不是其本质固有的。

第六章　如果人人都很闲散会怎样？

第六章讨论了闲散并不普遍存在的问题。就是说，我们不希望生活在一个每个人都是闲散者的世界。我们大多数人（如果不是全部的话）都希望生活在一个富裕的世界，而不愿生活在穷困潦倒的世界。然而，如果每个人都出工不出力，我们就不可能拥有一个富饶多姿的世界。因此，闲散令人反感，因为如果每个人都闲散，任何一个理性的人都不会愿意在这样的世界中生活。本章还将另辟蹊径，从另外一个角度探讨"吃白食"这个问题，即人们反感闲散者是因为他们没有对世界做出积极的贡献。闲散者不给别人带来不必要的负担还不够——他们还必须为构建丰富多彩的世界贡献出自己的力量。

为了阐明"如果每个人都是闲散者会怎样"以及"吃白食"问题，第六章将主要引用启蒙哲学家伊曼努尔·康德（Immanuel Kant，1724—1804）的观点。康德的观点也使我们能够就第一章中存在与行动之间的关系问题进行更深入的讨论。我要指出的是，许多哲学家尝试从哲学的角度推崇休闲，将其视为更真实或更有尊严的生活方式。但是，反勤奋表现的是一种存在主义的自由观，很大程度上要归功于将生产力与主体性联系起来的启蒙运动思想。我们将在第六章中看到，康德的观点明确地将存在和行动、我们是谁和我们做了什么联系起来。探讨他的观点可以让我们更好地理解为什么主体性是我们在生产力问题上争论的核心。

第七章　闲散者有身份危机吗?

第七章关注的是闲散者缺乏生活目标可能会引发身份危机。例如，两个人经人介绍初次见面时，最初的交流通常都会涉及各自的谋生之道，这是非常典型的社交场景。我们的自我意识通常来自工作和成就，而如果闲散者不能通过工作获得某种独特的身份，他们就有可能面临身份危机。人们担忧这一问题主要会不利于闲散者。也就是说，闲散的人即使没有伤害别人，也因为剥夺自己的个性特征而伤害到自己。

为了解决这一问题，我建议我们不要将自我意识的来源局限于工作或取得的成就。除了我们的工作，我们还可以通过我们的家族历史、政治立场以及我们的人际关系塑造我们的身份。我们构成自己的方式不尽相同，所以，即使闲散者不以他们做什么（或不做什么）来定义自己，他们仍然可以通过其他方式获得对自己身份的确切认识。因此，解决闲散者存在危机的一种方法就是让"存在"脱离"行动"。本章最后将分析崇尚休闲的思想家们如何利用将生产力与主体性联系起来的启蒙运动思想来阐述自己的观点。

疫情之下的闲散者

本书的部分内容写于2020年新冠病毒感染疫情期间，所以最后一章思考了疫情时代闲散者的含义。具体来说，我在疫情的背景下审视我们的生产力文化。例如，新的居家办公模式会如何影响我们对工作和休闲的理解？当我们被困在家里时，我们期望做什么或完成什么？由于疫情的原因，失业率不断上升，公众对失业者的看法会发生怎样的改变？此外，本章还将根据1918年抗击西班牙流感和2020年抗击新冠病毒感染疫情的记载，探讨闲散者在"战疫"过程中所扮演的角色。通过分析这两次波及甚广的传染病的资料，我认为，"闲散"已经出人意料地成了爱国主义的象征。

＊　＊　＊

随着人们对我们的高生产力文化的认识日益增强，最近市面上出现了一类新的提倡休闲的书籍。虽然这些书中对标准平均劳动量不乏批评，也在不同程度上支持休闲或慢节奏生活，但他们大多仍认为休闲是有目的的。在一些人看来，休闲之所以是件好事，是因为它能提高生产力和创造力。另一些人则认为，休闲是解放的一种形式，是自由的载体。简而言之，他们认为休闲应该受到推崇，因为它让我们的生活更加美好。

尽管我同意他们对美国职业道德标准（work ethic）[1]的批评，尤其是对其资本主义基础的批评，但我相信，闲散是反勤奋的一个独特例子。在试图赞扬反勤奋的过程中，崇尚休闲的思想家们无意中将之工具化。尽管许多学者渴望利用"不工作"和"闲散"对生产力制度提出抗议，但我认为，闲散正是对这种工具化的抵制。闲散的人缺乏人生目标，因为他们觉得自己不一定要有所成就。同样，我对闲散的解释也

---

[1] 职业道德标准，即认为勤奋工作是人们内在的美德，是大家应该遵守的准则。——译者注

没有什么崇高的目的，闲散不需要有目的。换句话说，闲散不需要有目的性也能站得住脚。

我说这些并不是要否认闲散者的生活令人向往。我们很多人都觉得闲散很吸引人，并不是因为我们讨厌工作，而是因为我们渴望能像闲散者那样独立和不墨守成规。闲散的人不会屈从于社会期望成为有用的人，这意味着他们至少摆脱了高生产力的束缚。闲散者似乎目中无人，对别人的评价漠不关心。我们将在第七章看到，闲散者（尽管是无意的）不仅挑战了我们的职业道德标准，也挑战了那种"一个人的身份是基于他的所作所为"的观念。事实上，甚至闲散者对于自己拒绝生产力崇拜也毫无歉意：他们没有去寻找有理有据的方法来为自己的闲散作风辩护，而只是耸耸肩，甚至觉得没必要解释。可以理解，我们很多人都渴望过一种能摆脱同辈压力的生活，想要不在乎别人的眼光，想不卑不亢、毫无歉意地活着。所以，至少从表面上看，闲散的人活得洒脱，甚至可以说活得无畏。

尽管如此，在这个问题上我们还是不能掉以轻心。虽然做一个闲散的人确实有一些吸引人的地方，但我认为闲散的积极品质也正是其副作用，而不是目的。正如我将要论证的，当我们试图把闲散变成有目的的事情时，闲散就不再是闲散了。虽然我不否认闲散有"解放"我们的潜力，但要说将闲散变成解决我们文化弊病的良药，我还是保持警惕。事实上，我想知道，当闲散变成一条通往所谓更开明、更真实的生活方式的道路时，它是否还能兑现将我们从劳动暴政中"解放"出来的承诺？当闲散成为我们努力追求的生活方式时，它还能解放我们吗？

　　我在本书中的观点还是较为温和的。正如书名所示，本书的主要目的是研究人们是否可以做个闲散者。我不提倡把闲散作为一种帮助我们解放的生活方式。我说"闲散一点也没关系"的意思是做一个闲散者在道德上是可以接受的，但不一定是可取的。当然，我们有时也会在日常生活中说"……也没关系"，来认可一种不属于道德问题的行为或情况。假设我一边递给别人一盒卡卡圈坊（Krispy Kreme）[1]，一边说："吃两个甜甜圈也没关系！"我很可能是在试图说服别人多吃甜甜圈，而不仅仅是在为道德上是否允许吃两个甜甜圈辩护。但是我们也用"……也没关系"来准许而不是鼓励一项行动。假设我在朋友家时想抽支烟，我可能会问我的朋友："在你家的阳台上吸烟可以吗？"假设我的朋友不太喜

---

[1]　卡卡圈坊是美国一家甜甜圈大型连锁店，也是美国第二大甜甜圈食品店。其母公司是在纽约证券交易所上市的KK美国甜甜圈公司（Krispy Kreme Doughnuts, Inc.），1937年创立于美国北卡罗来纳州温斯顿－塞勒姆（Winston-Salem, North Carolina），现在总部位于纽约。卡卡圈坊的创立人为弗农·鲁道夫（Vernon Rudolph）。——译者注

欢烟，他们也可能会回答："没关系，可以吸烟。"在这种情况下，我的朋友可能会允许我吸烟，但并不是认为吸烟这种行为可取。我在本书中所说的"闲散一点也没关系"，与后一种情况的意义相同。考虑到许多人确实认为闲散是一种道德性问题，那么优先捍卫其道德合理性就说得通了。高生产力文化大行其道，即使是对闲散进行有限的适度辩护，对于这样一本篇幅短小的书来说，也已经是一项艰巨的任务了。诚然，我对闲散的辩护可能会让一些人不满意。如果读者拿起这本书，希望得到某种对闲散者的支持，那么恐怕会失望。但我也正想说明，适度的辩护（而不是推崇）是保持闲散独特性的最佳方式。正因为如此，本书的目的不是要提倡闲散，认为这是一种更可取或有益的生活方式，而是要表明，与大部分人的观点相反，做一个闲散者并没有错。总之，做一个闲散者无可厚非，但仅仅只是无可厚非。

第一章

为什么要说说闲散?

是什么让闲散区别于拖延、闲散或懒惰呢？当然，闲散和这些词都不冲突，但闲散的人也可能既不拖延也不闲散，也不一定就懒惰。我们在"导读"部分提到，闲散的一个独特之处在于，人们觉得闲散的人本可以取得更多的成就或做得更好，但他们却懒得去发掘自己的潜力。完全可以想象，闲散的人会尽职尽责地完成自己的本职工作，但他们绝不会主动包揽更多的工作，尽管他们完全有这个能力。换言之，偷懒和潜能未发挥出来有关，而与失职无关。

闲散的人并不太在意自己是否让人失望，尤其是身边那些看到他们懒懒散散便感到失望或愤怒的人。闲散的关键在于漠不关心、无动于衷。这一特点也恰好解释了为什么难以大力宣传闲散——"漠不关心"显然不是人们费点口舌就能养成的态度。同时，鲜少有人是看别人宣扬闲散的好处，才选择去当一个闲散的人的。正如我将在本章中提到的，要像哲学家为休闲辩护那般去宣传闲散，相当困难。

虽然闲散的人经常会让人联想到一种没工作、整天蜷缩在沙发上看电视的形象，但重要的是，我们不要把闲散和不工作混为一谈。毕竟，休息通常是提高工作效率的手段。强制休假、实行公休、设置"午睡舱"（安装在办公室里供员工午休的太空舱）都是为了防止员工倦怠、鼓舞士气，并最终优化工作效率的。亚里士多德早在公元前350年就说过，我们"工作是为了休闲"，但现在我们休闲是为了工作。

《纽约时报》（New York Times）中一篇名为"'忙碌'陷阱"（The "Busy" Trap）的评论文章明确指出，休闲是为工作服务的。在这篇文章中，蒂姆·克赖德尔（Tim Kreider）提出了反对忙碌的理由。重要的是，他反对忙碌不是为了批判生产力。更确切地说，他反对的是一种表面上的忙碌，是人们为了自我感觉有分量而装出来的——事实上，这种忙碌对提高生产力无益。克赖德尔自己陷入忙碌的陷阱时，他决定逃离城市，逃到一个"没有任何公务烦扰"的"隐居之地"（Undisclosed Location）。摆脱了回复电子邮件等累人又没什么意义的杂活，他"终于在几个月里第一次完成了一些真正的写作"。对克赖德尔来说，讨厌忙碌并不是因为对生产力的需求令人反感；恰恰相反，是因为"忙碌"妨碍了生产力的发展。他这样写道：

闲散一些也无可厚非

闲散不仅仅是一个假期、一种放纵或一种恶习；它对大脑就像维生素D对身体一样不可或缺。失去了它，我们就会像得了毁形的佝偻病一样，遭受精神上的折磨。闲散所带来的空间与安静，让我们能够跳脱出生活本身，看到生活的全貌；闲散所带来的空间与安静，让我们的思绪如天马行空，等待灵感如夏日电闪雷鸣般迸发开来——这听起来似乎有些矛盾，却是完成一切工作的必要条件。

克赖德尔所说的"闲散"并不是指无所事事，因为它实际上是"完成任何工作"的方式。闲散的最终目的是提高生产力。在资本主义制度下，休闲（或闲散）不是单纯为了休闲（或闲散）——我们给自己充电，这样我们就可以更努力、更好地工作[①]。虽然已有大量资料表明，休闲服务于资本主义、会提高生产力，但本章还会提到，休闲也可以用于其他目的。

《纽约时报》上最近一篇题为"不做事时就是在做重要的事"（*You Are Doing Something Important When You Aren't Doing Anything*）的文章中，徐灵凤（Bonnie Tsui）也对克赖德尔的观点表示了赞同，她认为"休耕时间"很重要。正如农民必须休耕以保持土地肥沃一样，我们也必须好好休息才能工作。乍一看，徐的论点让人想起了克赖德尔为闲散所做的辩护。然而，她坚持认为，这不仅仅是为了提高生产力：

我不希望休息仅仅被当作一个生活小窍门，就像冥想一样，竟然也被强行当作能提高生产率的手段。这种"停工"休息的好处不止于此，它还影响工作的生态，工人不是机器，而是活生生的人。

请注意，即使在这里徐也没有挑战生产力的首要地位（她似乎把我们作为工人的地位视为理所当然）。对她来说，需要改变的是工作的"生态"。具体来说，她恳请我们以一种遵从人性的方式工作（而不是像机器一样）。尽管徐坚持认为休息不只是工作的一种手段，但她仍然将休息当作一种工具，只不过最终目标不是生产力，而是"人性"。我们很快就会在接下来的内容中看到，对于许多思想家来说，休闲与我们之所以作为人类而存在息息相关。休闲不仅仅意味着自由时间，更重要的是它意味着自由——正是这种自由使我们得以作为人类而存在。下面，我将提出6位思想家关于反勤奋的不同观点。在参阅有关休闲和闲散的最新文献之后，我将在超高生产力文化这一大的背景下讨论闲散的话题。

伯特兰·罗素（Bertrand Russell）

1932年，英国最著名的公共知识分子之一伯特兰·罗素发表了一篇题为"闲散颂"（*In Praise of Idleness*）的短文。

作为一个硕果累累的学者、诺贝尔奖得主和反战活动家，罗素并不能被称作闲散者的完美代言人。从关于逻辑和数学的哲学论文到反核宣言［即所谓的"罗素—爱因斯坦宣言"，阿尔伯特·爱因斯坦（Albert Einstein）是签署人之一］，再到这篇论闲散优点的文章，他的著作不胜枚举。然而令人遗憾的是，这篇文章的标题就像克赖德尔认可闲散那样具有误导性。罗素提倡的不是"无所事事"的懒惰，而是民主化的休闲[2]。罗素认为，长时间工作导致的疲劳让人们经常选择看电影或听广播等"被动"的娱乐活动，因此，他还提倡参与多种多样的休闲活动，并特别指出我们需要参与更主动的娱乐活动。虽然罗素承认每个人都应该工作来维持生计，但他也明确指出，每个人每天的工作时间不应超过4个小时。缩短工作日不仅增加了属于自己的时间，还会使人不那么容易疲惫，增强了精气神。这样一来，我们就不会将自己局限于被动的娱乐，而是会投身于积极主动的消遣中[3]。

尽管罗素在整篇文章中交替使用"懒惰"、"闲散"和"休闲"等词，但他描述的概念更接近于我们通常对"休闲"的理解，即日常生活需求之外的活动。休闲使我们有机会为了活动本身而参与活动，而不是为了工资、生存或其他现实目的[4]。罗素认为，有闲阶级（主要是富有、拥有土地的上流阶级）对人类文明来说不可或缺。有闲阶级"培养艺术，发现科学，著书立说，创立思想体系，改善社会关系"。有闲阶级不需要关心实际的柴米油盐，因此他们能够脱离世俗的"未开化状态"。

然而，罗素很清楚，休闲一直是富人的特权。"只有其他人勤奋工作，（有闲阶级的）闲散才有可能实现；事实上，从历史上看，他们对舒适闲散的渴望就是'工作至上'的来源。"于是，通过歌颂闲散，罗素试图在富人休闲的特权和穷人工作的负担之间寻求平衡。在罗素看来，精英阶层应该更加勤奋，而不是悠闲度日。

罗素对闲散的推崇，一方面是出于对公平的考虑，另一方面也关乎文明的进步。只有一小部分精英有闲阶级为文明的发展做出贡献，而其他人却在为生计奔波劳作，这种社会安排不公且低效。他大胆指出，有闲阶级可能造就了"一个达尔文（Darwin）"，但这个群体"总的来说并不是特别聪明"。那么，我们为什么要依靠一小部分人口来完成推动文化和文明发展的重要任务呢？通过普及"闲散"和扩大有闲阶级，我们将能够吸收新鲜血液，为文化进步做出贡献。

最后，罗素认为反战就是休闲生活的逻辑延伸，这一点也与他的和平主义思想一致。原因之一显而易见，战争需要大量的工作，这从根本上与悠闲的生活就是不一致的。原因之二则是，休闲生活能改变我们与他人的关系。工作压力小又不那么疲惫的生活更幸福。而那些生活得更幸福的人"会变得更和善，更通情达理，也没那么多疑，好战之风也会逐渐消失"。因此，休闲对于发展文明和促进和平都是不可或缺的。

约瑟夫·皮珀（Josef Pieper）

罗素的《闲散颂》发表15年后，德国哲学家约瑟夫·皮珀发表了两篇文章，后来合并起来成为《闲暇：文化的基础》（ *Leisure: The Basis of Culture* ）一书。如书名所言，皮珀认为"文化的存在依赖于休闲"。皮珀提醒我们，他在追溯"休闲"一词的起源时发现，英语中的"学校"（school）一词来源于希腊语的"休闲"（σχολή），这充分说明学习机构正是来源于休闲。在皮珀看来，了解休闲的词源对于理解博艺教育（liberal arts）十分重要。只有不需要为生计犯愁了，我们才能悠闲地追求知识。正是这种"不实用"或"没有用"才赋予了博艺自由的含义。当我们将博艺与"奴艺"（servile arts）❶进行对比时，这种自由的意味就更加明显了。根据皮珀的说法，工科的"目的"在于"通过实践实现有用的效果"。博艺（本身有价值）不需要通过外部证明，而工科的价值只能通过

---

❶ 博艺，原意为自由人应具有的学识。奴艺，原意为奴性技艺，指职业技能。——译者注

其社会功能来证明。在闲暇时，我们能够为了知识而追求知识。例如，我们研究闲散的本质，不是因为它在我们的日常生活中实用，而仅仅是因为它满足了我们自己的好奇心。当然，这并不是说脑力活动一般都不是"有用的"。例如，一个人写一篇关于闲散的学期论文，以满足一门哲学课的课程要求，我们并不能说这样的活动无用。但是，我们所追求的知识的实用性或有用性，一直是博艺的边缘内容。

皮珀还认为，休闲的实际好处（如果有的话）只是附带的。他曾写过一篇颇具前瞻性的文章，批评了当今高生产力语境下普遍存在的休闲工具化现象：

> 即使休闲之后重新开始工作的人确实更加精力充沛，休闲也从来不是为了工作而存在的；对我们来说，休闲并不是为了恢复身体状态、焕发精神，然后更有活力地工作——尽管它确实带来了这些好处！

如上所述，在新兴自由资本主义制度下，休闲被视为一种提高生产力和公司业绩的工具。但正如皮珀在书中所说的，虽然休闲可以提高生产力，但这只是一种"副作用"，而不是休闲的主要目的。追求（博艺）知识的目的不是它的实用性，同样，我们对休闲的需求也不是看它是否有助于我们更多地

闲散一些也无可厚非

工作。

和罗素一样，皮珀也认为，我们需要用休闲来摆脱世俗的枷锁。然而与罗素不同的是，皮珀煞费苦心地把休闲和闲散分开进行讨论。他认为闲散不应与休闲混为一谈，因为二者实际上是对立的。皮珀强调，闲散的含义可以追溯到中世纪中期，"为了工作而工作的浮躁之风完全来自闲散"。乍一看来，"浮躁的闲散"这一观点似乎违背常理，但想想智能手机的兴起如何改变了我们的自由时间，我们会在咖啡店排队时查看短信，早晚通勤时浏览社交媒体动态，或者在会议间隙刷约会应用程序。有了智能手机，我们似乎永远不会有无聊的时候。然而我们自己知道，强迫性地刷手机并不是一种令人满意的消遣。越来越多的研究表明，人们对社交媒体（广义上来说是互联网）上瘾，产生焦虑、抑郁和自卑等情绪。休闲本应该为我们拂去工作的巨大压力，但漫无目的地翻看手机远远不能达到这个效果。据说，市面上最流行的网站拦截软件之一叫作"自由"⑤。这个名字充分说明了许多人在漫无目的地浏览互联网时，都会产生一种无助感，而且感觉自己缺乏自制力。我们希望通过互联网与他人时时刻刻保持联系，而正是这样的需求让我们感到浮躁不安、没有自由。

当然，1947年的夏天，皮珀讨论这个问题时，还不涉及什么网瘾或智能手机瘾。因此，他批评的"浮躁的闲散"指的是人们自私、空虚的生活方式。我们的日常生活中充满了毫无意义的忙碌，这并不能充分发挥我们的价值。尽管皮珀明确反对利用休闲来获得精力充沛的劳动力，但他也反对浮躁的闲散，这让人想起了克赖德尔的观点，即表面的忙碌会阻碍我们取得更大的成就⑥。正如我们上面所看到的，对克赖德尔而言，无意义的忙碌（比如清理收件箱）会降低工作效率，阻碍他从事"真正的写作"。在皮珀看来，浮躁的闲散会妨碍我们成为真正的自己。在他们二人眼中，即使休闲不是为了提高生产力，它仍然是有目的的；即使不是为资本主义服务，也是为了促进人类的繁荣。

在皮珀看来，休闲所提供的自由不仅仅是时间上的自由，它赋予博艺的自由也不仅仅是学术上的自由。正如上文所述，皮珀认为，休闲使我们能够在满足日常生活需求之外追求知识。正是这种脱离世俗限制的存在自由使我们得以作为人类蓬勃发展。皮珀把休闲称为"灵魂的一种状态"，而只有当我们与自己"和谐相处"时，才有可能休闲。与休闲截然相反，闲散则意味着：

> 人类已经放弃了与其尊严相伴而来的那份责任。他不想成为上帝希望他成为的人，这意味着他不想成为终极意义上真正的自己。

因此，闲散的问题并不在于浪费时间，而是在于我们被困在浮躁的"埋头苦干"当中，无法成为我们应该成为的人。如果将皮珀的话转换为更通俗易懂的语言，那就是：当我们无所事事、浮躁不安时，我们就无法成为一个有尊严的人。

当人的尊严受到威胁时，我们便会发现，"为了知识而追求知识"的观念有些微妙。我们读一本书，可能不是因为它能带来实际的益处，比如满足课程要求或准备考试，可能只是因为阅读本身是一种令人愉快的体验。但是，当休闲成为人性的标志时，又会如何呢？当存在自由成了成为一个真正的人的先决条件时，又会如何呢？尽管亚里士多德（和皮珀）声称，人们追求休闲是为了休闲本身，他们眼中的休闲最终仍然是实现人类繁荣的工具。

妮科尔·希彭（Nicole Shippen）

皮珀对休闲的推崇在很大程度上是受到了亚里士多德的启发，他在论述休闲时反复提到古希腊人，但他并没有深入研究什么样的社会经济基础可以为人们提供休闲的空间。这个疏漏令人遗憾。如上所述，就连罗素也欣然承认了有闲阶级的特权地位。事实上，罗素提倡休闲的做法，正是出于他想使休闲（或他所谓的闲散）民主化的愿望。这让我想到了妮科尔·希彭写的《时间的去殖民化：工作、休闲和自由》

（ *Decolonizing Time: Work, Leisure, and Freedom* ）。这部作品是关于政治意义上的时间观念，主要讨论的是休闲。和皮珀一样，希彭也受到了亚里士多德的影响，认为休闲是自由的先决条件。然而，与皮珀不同的是，希彭关注的是社会政治条件，她关心的是有闲阶级在什么样的条件下才有可能出现。如此一来，希彭展示了休闲的政治意义。就本章的主题而言，希彭对休闲的经典解读表明了两个观点：1.休闲对于我们人类来说非常重要；2.为休闲而斗争是一个政治问题。

希彭认为，人们重新定义休闲完完全全是出于政治目的。除了在公共政策上做出具体、实质性的改变，如保障全民基本收入、保证基本生活工资、在不降低工资的前提下减少工作时间，重新定义休闲也在概念层面上挑战了资本主义框架，这一点也至关重要。"时间已经成了一个政治问题，而重新定义休闲正是培养这样一种集体批判意识的重要组成部分，并力图抵制、对抗、质疑并最终改变资本对时间的殖民化。"

希彭试图通过专门研究亚里士多德的著作来重新阐述对休闲的理解。亚里士多德认为，一切始于必然与自由之间的斗争。我们在为满足基本需求所做的努力中，不断向追求自由妥协。因为当我们陷入为生计奔波劳碌的平庸生活时，我们既没有时间，也没有精力参与公民生活。根据亚里士多德的观点，我们在必然和自由之间进行平衡的结果是，我们应该只把特定的工作交给特定的群体，特别是妇女和奴隶。于是，按性别和阶级进行的劳动分工为男性公民提供了参与公民事务的时间。因此，经过"适当"的社会安排，一组人被选中，能够完全融入公共领域，不受洗衣做饭、清洁卫生、照顾孩子或料理家务等世俗需求的约束。

不出所料，希彭反对亚里士多德这种不公平的劳动分工的想法。然而她认为，亚里士多德的观点对于阐明休闲政治大有裨益。一方面，亚里士多德的观点明确承认，休闲是通过政治上排斥妇女和奴隶来实现的。另一方面，亚里士多德休闲观认为，"对时间的目的论理解关系到人类潜能的开发与实现"。换句话说，休闲对于实现人类潜能是必不可少的。

与传统的观点相反，我们对休闲通俗且"不加批判"的描述将休闲仅仅视为一种"个人选择"，因此未能涉及其社会经济基础。在资本主义制度下，休闲通常被商品化为个人消费的商品或服务，可以是新的游戏系统，也可以是每周的清洁服务。在这种情况下，自由被简化为消费的自由。更大的问题在于，当代的人们对休闲的理解未能厘清它与人类繁荣的关系，将休闲与自由时间混为一谈。希彭认为休闲不同于自由时间。首先，在资本主义制度下，自由时间不一定轻闲。如前所述，企业文化所提倡的"休息"通常是为生产力服务的。我们休息是为了提高生产力。相应地，在这种劳累过度的文化中，人们通常利用自由时间来恢复疲劳。我们累得无法从事那些尽管丰富多彩却很费力的娱乐活动。我们更多时候是周末躺在床上狂刷网飞（Netflix）❶或玩手机，而不是练马拉松或学习一项具有挑战性的新技能。如前所述，这就是为什么罗素提倡缩短工作时间：我们感觉工作不那么累时，有可能选择更为积极的消遣方式，从而丰富我们的休闲活动。

其次，希彭认为，没有任何目的的自由时间就是闲散，这与传统的休闲观念是不一致的。传统的休闲观念认为，休闲是"一种时间自主的理想形式，或以一种有意义的、自我导向的方式控制时间的能力"，是有目的的。我们在希彭这里再一次看到了休闲与自主之间的联系。在皮珀和希彭看来，休闲不仅是自由时间的问题，也是我们如何成为哪种人的问题。

为了重新定义休闲，希彭对"可自由支配时间"和"自由时间"进行了区分：前者指的是允许人们培养和行使自主权来控制时间，而后者则在很大程度上受到资本主义结构的

---

❶ 美国奈飞公司，简称网飞，成立于1997年，是一家会员订阅制的流媒体播放平台，总部位于美国加利福尼亚州洛斯盖图，曾经是一家在线DVD及蓝光租赁提供商，用户可以通过免费快递信封，租赁及归还奈飞公司库存的大量影片实体光盘。——译者注

限制。可自由支配时间具有内在的能动性，而自由时间则给人一种可以进行选择的错觉。在可自由支配时间里，我们享受休闲，而在自由时间里，我们则享受伪休闲。

可自由支配时间通常与存在自由自主有关。自主是一种自我管理的能力，是一种按照自己的价值观和目标生活的能力。自主并不意味着你想做什么就做什么。一个对尼古丁上瘾的吸烟者可能在没有人干涉的情况下"自由"吸烟，但这是烟瘾支配了行为，不能算作自主。就本章的主题而言，我们可以将自主理解为经过深思熟虑、小心翼翼地行使的强大自由，而不是一种满足享乐的伪自由。自主需要我们能够反思自己做出的选择，需要我们有意识地努力按照自己成熟的价值观生活，而伪自由则是盲目追求满足个人欲望的事物。

有了可自由支配时间，我们就能够像古代雅典的男性公民在闲暇时参与公民生活一样参与休闲活动，这些活动有益于进行批判性反思，进行有意义的选择，以及履行为公共利益服务的公民义务。相比之下，自由时间往往是资本主义制度下盛行的一种简化的、消费主义的伪自由。由于我们的文化是人们劳累过度下生产的超高生产力文化，所以现在大多数人在工作之外只能获得"自由时间"，而不是"可自由支配时间"，也就不足为奇了。这样一来，人们更有可能从事的是（购物、外出就餐、按摩等）消费性"休闲"活动，而不是有利于个人成长、锻炼批判性思维和履行公民义务的休闲活动。

林语堂（Lin Yutang）

1937年，在哈佛大学任教的中国学者林语堂出版了《生活的艺术》（*The Importance of Living*）一书。他在书中提到，生活的一个重要组成部分，正是我们欣赏"闲散"的能力。与罗素和皮珀一样，林语堂也看到了休闲与文化之间的联系："以我的理解，文化本质上是休闲的产物。因此，文化的艺术实质上就是闲散的艺术。"有趣的是，林语堂坚持认为，闲散"绝对不适合富裕阶层"，恰恰相反，对闲散的推崇倒是"适合那些主动或被动地选择了闲散生活的失意的穷酸学者"。这个观点十分独特，尤其是还与罗素关于贵族有闲阶级的观点大相径庭，因此值得我们讨论。

中国历代都是通过科举考试来选拔政府官员。几个世纪以来，考取功名一直都是通向名利和政治权力的主要途径。一代又一代的中国文人埋头背诵儒家经典，希望能金榜题名，凭此谋个一官半职。科举考试的通过者少之又少（会试每三年才举行一次），许多学者名落孙山，最终只得找个地方以教书为生。而在林语堂看来，闲适的生活特别能引起那些榜上无名、没能飞黄腾达的人的共鸣——"一想到生活清贫的学者教同样贫苦的学生这些歌颂简单闲适生活的诗文，我不禁会想，他们一定从中得到了极大的个人满足和精神慰藉吧"。由于无法谋得一官半职，这些壮志未酬的学者通过推崇闲适生活聊以自慰⑦。林语堂心目中的那种闲适，既不是皮珀所厌恶的那种浮躁的闲散，也不是罗素尝试民主化的那种闲散，当然也不是克赖德尔用来提高生产力的那种从忙碌工作中抽身的策略。他心目中的闲适，指的是"超然于戏剧人生"，是一种"高风亮节"，是不再追名逐利，不再渴望成为人上人。"高风亮节"的典型是回避世俗的成功，享受简单的生活，不在意物质享受。

虽然名落孙山的文人会被迫过上闲适的生活，但是如果认为他们是吃不到葡萄说葡萄酸的失败者，那就错了。事实上，中国文学史上许多赫赫有名的"高风亮节"的闲人都是自愿辞官的。虽然金榜题名让他们获得了声望和地位，但是随之而来的没完没了的责任和"一生卑躬屈膝"让他们厌倦。提起解印辞官的文人，便不得不说诗人陶渊明⑧（365—427），他在为官80多天后便弃官辞职，回到了乡下的家里。陶渊明最著名的作品之一就是描写他归家情景的《归去来兮辞》，他在诗中讲述了独自饮酒、在园子里漫步、与家人闲聊以及观察四季美景的乐趣。陶渊明可能会让我们想起罗素眼中的可鄙的贵族有闲阶级，但他远远算不上富人或特权阶级。在《归去来兮辞》的序言中，陶渊明坦率地说明了他一开始谋求官职的动机：他家中贫困，种地的收入不足以养家糊口（"幼稚盈室，瓶无储粟"）⑨。然而，尽管真的需要一份丰厚的俸禄，陶渊明也不愿委曲求全："饥冻虽切，违己交病。"⑩

以陶渊明为代表的闲适型学者对休闲/闲适的目的提出了一些有趣的见解。很明显，林语堂同罗素和皮珀两人的观点一致，即文化"是休闲的产物"。然而，该语境下"文化"的含义尚不清楚。毕竟，尽管这些闲人当中有许多碰巧是文人（如罗素、皮珀），但他们的游手好闲并不是为了促进文明、智力进步或博艺的发展。而正如林语堂所指出的那样，闲适培养的是一种"用悠然自得的心态，消遣一个闲暇无事的下午"的性格。因此，闲适的目的莫过于让文人过上一种远离官场纷扰的生活。很大程度上是他们碰巧创作了大量的文学作品，描述的都是他们赏月那种无忧无虑的生活。高风亮节的闲人之所以受人钦佩，不是因为他能发挥自己的才能和潜力，而是因为他能成功抵制世俗的诱惑。

林语堂所描述的高风亮节的闲人，既不是不知民间疾苦的达官贵人，也不是言必称文明或博艺的人。然而，他对闲人的描述有些似曾相识。具体来说，他认为，高风亮节的闲人是有原则的闲人：他们不愿为了一份高薪的好工作而俯首折腰。我们在徐灵凤、皮珀和希彭对休闲的描述中也看到过类似的表述。在徐灵凤看来，休息对工作至关重要，因为它能让我们有尊严地工作。在皮珀看来，休闲将我们从无休无止的工作陷阱中解放出来，这样我们就可以过一种符合人类身份而有尊严的生活。在希彭看来，只有参加适当的休闲活动，我们才能作为自主的个体蓬勃发展。在中国文学史中，高风亮节的闲人通常都会用物质上的成功换取尊严。以田园诗人陶渊明为例，他认为拥有一份有损人格的工作比过饥寒交迫的生活更糟糕。事实上，他辞职的原因在很大程度上是为了捍卫自己的人格。相传有一次，有人请陶渊明去拜会一位因贪赃枉法而臭名昭著的官员，陶渊明拒绝道："吾不能为五斗米折腰，拳拳事乡里小人邪！"[①]"五斗米"指的是陶渊明作为官吏所能得到的俸禄，陶渊明以此比喻他不希望为保住官职而失去尊严——就在这一天，他弃官归家。从那时起，成语"不为五斗米折腰"便广为流传，人们用来形容那些不因金钱而屈服的品德高尚之人。陶渊明悠闲的生活方式正是知识分子应有的尊严和自由的象征。正如林语堂所言，"从某种程度上来说，这个崇尚品格重于成就、看重灵魂甚于名利的学者品格高尚，被公认为中国文人的最高理想"。

布莱恩·奥康纳（Brian O'Conner）

布莱恩·奥康纳在他那部优秀且发人深省的著作《闲散的哲学》（*Idleness: A Philosophical Essay*）中，也提到了反勤奋所带来的存在自由。通过对康德及其后继者的研究，奥康纳对启蒙运动以来哲学家们对闲散持顽固抗拒和怀疑态度给予了令人信服的解释。通过这样的解释，他的目标之一是"防止从哲学角度给闲散下结论"。虽然奥康纳并没有标榜自己是闲散的倡导者⑩，但他试图把闲散描绘成一种合理的生活方式（或者说，至少是一种理性的生活方式）。

和皮珀一样，奥康纳也敏锐地意识到休闲活动是如何服务生产力的。但是与皮珀不同的是，奥康纳坚持认为闲散是对这种行为的抵制（而不是与之同谋）。当然，这也说明了两位哲学家对闲散的理解是截然不同的。在皮珀看来，闲散可以消耗一切的浮躁，而在奥康纳看来，它首先是一种"无人强迫和随波逐流的感觉"。闲散远非浮躁，而是"内心缺乏斗争的力量。在这场斗争中，我们需要克服或改善我们自身的一些东西"。闲散者没有"提升自己"的动力。

当我们将闲散理解为缺乏目的性时，我们就能理解对它的焦虑了。人们经常问自己"我的人生目标是什么？"，这已经成了一个老生常谈的问题。与此同时，寻求自己的人生目标并为之付出努力，现在成了一种普遍的期望，而不是少数人才能获得的荣光。这背后的含义正是一个人的人生价值取决于他的目标，没有目标的人生不值得过。闲散令我们焦虑不安，不仅仅是因为我们没有完成工作。我们感到困扰是因为它妨碍我们过上有意义的生活，而长期以来，我们一直都被灌输的思想是，要为有意义的生活而奋力拼搏。

除了我们对有意义的美好生活的看法，我们的主观性，即我们对自我的看法，也会因此受到影响。奥康纳对闲散的分析有一个尤其有用的特点，那就是他明确地将我们的行为与我们的身份联系起来。根据他的说法，只要闲散撼动了传统的美好生活的概念，"成为合适的'自我'的想法就会受到质疑"。因为工作有助于让我们对自己有一个清晰的认识，还因为我们自己的身份依赖于它，所以对我们很重要。如果我们什么都不做，自我意识就会受到威胁。

行动与存在二者相互依赖的核心是：作为人类，我们有义务发挥自己的潜力，这样我们才能成为自己想要成为的人。尽管做个理性的人是我们的共同愿望，但是每个人推崇的哲学思想不同，因此对自己应该成为什么样的人可能有不同的看法。不过其隐含的信息是相同的：人道（或做个真正的人的意义）是一种需要努力才能获得的成就，而不是一种与生俱来的东西。奥康纳阐述了他所谓的"价值神话"，这是一个令人振奋的故事，讲述了我们人类如何克服那些我们认为与生俱来的人类倾向：付出的努力越大，结果就越引人瞩目，也越有价值。在他看来，呼吁"努力"意义重大：实现的过程需要工作——我们不可能什么都不做就成为自己想成为的人。事实上，如果我们不努力（比如说，我们仅凭运气或欺骗达到了目标），即使完成目标也可能是不够的。毕竟，如果我们没有为之努力，我们就配不上这个收获。为了便于理解，我们可以举这样一个例子：你可能有潜力成为一个著作等身的作家，但只有你动笔写作，你才能成为一个作家。发挥你的潜力意味着你必须写起来。即使你找到了一个代笔的枪手，并且以你的名字出版了一本畅销书，你也并没有因此成为一名作家——至少无论从什么意义上来说都不是。原因就在于：不行动，不努力，你就不配得到这个身份。

在奥康纳对康德及其后继者的解读中，闲散阻碍了我们对价值的追求：如果我们不努力工作来发挥我们的潜力，我们就不配得到人类应有的尊严。说到工作，风险就高了，因为我们的生活、我们的身份都是围绕着它的。闲散威胁的不仅是生产力，它还威胁我们的主体性，我们的自我意识。无行动，不存在。

我将在第七章更详细地讨论"行动"和"存在"之间的关系。就本章而言，我们只需要知道，到目前为止我们所涉及的崇尚休闲的文章中⑬，休闲的风险还是很高。简单回顾一下：在徐灵凤看来，休息和休闲很重要，因为我们需要以一种适合我们人性的方式工作（而不仅仅像机器一样工作）⑭。皮珀认为，休闲使我们从所有工作中解脱出来，让我们有尊严地生活。希彭认为，重新定义休闲既是一种政治抵制的方式，又是自我实现的必要条件。在林语堂看来，闲适已经成为不为名利卑躬屈膝、具有高风亮节的知识分子的荣誉。奥康纳也认为，闲散改写了我们的价值观以及符合我们身份的自我。（尽管他声称自己并不是在提倡闲散）因此，这些反勤劳、亲休闲的文章继续威胁着我们的价值和尊严。康德及其后继者认为，工作对于我们的价值是必要的，而反勤奋的思想家则坚信，休闲或闲散是我们实现宏图伟志（或至少是一种适合我们人类的存在状态）的关键。换句话说，崇尚休闲的思想家仍然在通过将闲散工具化、重新解读闲散来阐述他们的价值观念[15]。

奥康纳之所以在书中反复强调闲散者对目的漠不关心，部分原因是担心人们会误以为闲散是一种提高生产力的策略。闲散者对目的漠不关心是想使它更抵制这种笼络，然而尽管奥康纳承认崇尚工作的言论可以拿闲散大做文章，但他自己似乎也无法抗拒以自己的方式将闲散工具化。

又如，奥康纳坚持认为，闲散替代了对自由的思考。启蒙思想家对自由的理解主要是理性的自我决定（或脱离自然欲望的自由），而奥康纳则将闲散描述为"含蓄地抵制对人们应该如何生活的具体建议，即需要通过工作获得进步、声望或成功"。闲散是一种可以把我们从社会压力和期望的束缚中解放出来的自由。林语堂认为"高风亮节"的学者将诚信置于名利之上，奥康纳的说法与林语堂的观点惊人地相似。他们选择闲适的生活，也拒绝了社会上流行的成功概念。

然而，（如果不考虑对自己的伤害的话）若将闲散视为对社会的反叛，又的确有些不同寻常。毕竟，当闲散作为生产力崇拜的批评声音时，很难看出它仍被理解为"无目的"。诚然，并非所有闲人都会和社会规范唱反调，无所事事的生活也未必是闲人的一种抗议。一个闲人甚至可能不知道自己是在"抗议"。但重要的是我们要记住，按照奥康纳自己的说法，闲散批判的一面不仅仅是一种无意中产生的副作用。如前所述，他在书中将无所事事当作一种合理的生活方式，一种像我们这样的理性生物可以合理地选择的生活方式。所以，无所事事是一个理性的人根据自己对美好生活的看法来选择的。这种"选择"不需要包含严格的自主概念，于是"我们根据原则来调节我们的欲望，这些原则将……使我们的行动连贯一致"。尽管如此，它仍然是在自身"需求和承诺"的指导下做出的慎重选择。奥康纳所说的"闲散"表明，闲散的生活方式不是闲人偶然遇到的一种东西——如同他只是偶然踏入了这样的生活，陷入了闲散的世界；相反，闲散是一种有意的拒绝⑩。事实上，奥康纳甚至认为闲散"比传统的自主概念更接近于满足自我导向的条件"。传统的自由观念认为，自由是一种克服个人自然倾向的能力，而闲散则优先设定个人的价值观。因此，真正的自由意味着拒绝向社会公认的价值观低头。

奥康纳如此努力地将闲散描绘成一种更真实的自由形式，一种人们可以合理选择的生活方式，我不明白他为什么坚持说他的论点不是为了提倡闲散。当知道有一种更真实的自由形式可以通过我们的选择实现时，我们应该怎么做？应该把它当作一个价值中立的问题来看待吗？毕竟，也许奥康纳所做的不仅仅是"防止从哲学角度给闲散下结论"。

乔希·科恩（Josh Cohen）

如前文所述，对于那些崇尚休闲和崇尚工作的思想家来说，休闲的风险都很高，因为工作已经决定了我们的身份。当行动和存在联系在一起时，质疑工作的理念不可避免地会挑战我们的价值观和身份。或者，正如精神分析学家乔希·科恩所主张的那样，"对于我们是谁、我们是干什么的，不工作与工作一样重要"。在《什么都想做，什么都不想做》（*Not Working: Why We Have to Stop*）一书中，科恩通过讲述在他的咨询室中发生的故事，将闲散者分为 4 个类型：疲惫型、懒惰型、白日做梦型、游手好闲型。就本书而言，游手好闲型无疑是我们最关心的一个类型。从某种意义上来说，科恩眼中的闲散者与我特此著书为之辩护的闲散者类似。例如，科恩谈到了闲散者的"冷漠"和"漫无目的"——我认为这些品质是闲散者必不可少的。然而，在科恩看来，闲散者的冷漠，不仅仅让他们对生产力或对获得社会认可的成就不感兴趣，甚至影响他们的信仰。科恩认为，闲散者天生就是怀疑论者[⑩]。他们不拘泥于特定的意识形态，对发表观点或释放道德信号（virtue-signaling）❶也不感兴趣。他们对意识形态的态度暧昧，也不愿发表意见，与如今推特大战和脸书长篇大论的时代显得格格不入。因为这样一个时代不仅期望我们有自己的意见，还期望我们把意见公之于众。科恩写过如下一段发人深省的文字："在如今这个社交媒体时代'表达观点'已经成为我们表达自我的通用手段和事实根据。我们公之于众的立场已向世界肯定了我们存在的真实性。我说故我在。"

我们所研究的那些崇尚休闲的思想家主要关注的是，工作如何支配我们的存在——既包括我们花在工作上的时间，也包括我们如何仅凭所做的事情来定义自己。科恩在这个基础上又补充了一点：我们宣扬的观点和意识形态，就像我们的工作一样，是生产力文化的组成部分，并对我们的身份产生相应的影响。社交媒体的普及催生了"一个概念，即人类

---

❶ 释放道德信号，指以某种言论显示自己站在道义一方。——译者注

作为有思想的动物，是由其宣布的信仰和公共行为定义的"。

照片墙、脸书和博客等社交媒体上的"网红"，充分说明了公开的观点、生产力和身份之间错综复杂的联系。我们知道，公司经常招募网红，让他们在个人账户上进行广告宣传。例如，某个著名美妆博主可能会被一家化妆品公司吸引，在她的教程视频中推广该公司的产品。有些网红可能会因此直接获得金钱方面的报酬，还有些人则可能获得免费产品。不管怎样，网红会因为发表他们对产品的意见而获得利益[18]。网红的工作围绕着生产力最大化（通过粉丝量、发帖量和点赞量来衡量）和维护他们的品牌（通过精心策划的帖子设计的特定身份）展开。总之，他们发表的意见是对其生产力及其身份的证明。

虽然我们大多数人都不是网红，但社交媒体的兴起意味着我们大多数人都有表达自己观点的愿望。从给同事的帖子点赞到与陌生网友展开一场轰轰烈烈的推特大战，我们发表的观点共同组成了我们的网络形象，如今这也经常是其他人认识我们的方式。科恩认为，在这种过度分享的文化背景下，闲散者对观点漠不关心可以被理解为"一种安静的反抗"，即"自我是由自己的观点定义的"。闲散者的沉默是一种反抗行为，因为沉默"鼓励我们思考和体验，我们作为一种超越任何行动或成就的纯粹的生物，不可简化为我们所做和所想的总和"。

像其他崇尚休闲思想家一样，科恩认为闲散者（在这里是以冷漠的怀疑者的形式）对我们超高生产力、追名逐利的文化提出抗议。就像上面奥康纳所提到的叛逆的闲人一样，这种抗议并不是闲散者无意之中造成的结果。科恩在他书中的结论部分对该书的副标题进行了探讨——"我们必须停下来了"。他坚持认为，停止（作不及物动词）是"选择"问题。说得更具体一点，它是"一种自主的主张，一种对行动控制的无形抵抗"。反勤奋与自由再一次联系在一起。它不是消费主义意义上的自由，即有大量的产品可供购买，而是一种"内在自由"（我一向称之为"存在自由"），让我们"发现自己想做什么以及想成为什么样的人"。

有议程却无目的？

一些哲学家对资本主义将休闲工具化的方式十分警惕，他们不遗余力地提醒我们，休闲也好，闲散也好，闲散也好，都不应该被工具化。皮珀坚持认为，休闲让我们"为了知识而追求知识"；奥康纳将闲散描述为"随波逐流"和"漫无目的"；而科恩则强调闲散的不确定性。然而，仔细看看他们的观点就会发现，要把无所事事的生活说得一无是处是多么困难。因此，即使他们认为，闲散不应该被作为资本主义生产力的工具，他们仍然在自己的观点中将闲散描绘成带有目的性的东西。

那么，这些反勤奋观点想要实现的新目标是什么呢？贯穿于这6个观点的思路就是所谓反勤劳的存在意义。"休闲还是工作"的争论从来不只关乎工作，更重要的是关乎我们是谁，以及我们应该成为怎样的人。反勤奋思想家并没有首先把我们自己视为富有生产力、追求金钱的劳动者，而是认为，如果我们愿意过一种悠闲的生活，就有可能以一种更真实的方式存在。显然，这种真实的存在模式同自由和自主有关。希彭认为，实现人类潜能需要一种"时间自主权"（由休闲提供），我们能以一种自我导向的方式控制工作外的时间，这与资本主义制度下的消费自由不同。奥康纳认为，闲散代表着一种更真实的自由：它不是康德理性意义上的自由，而是能够反抗社会规定的价值观和期望的自由。要成为一个真实的或自主的人，我们应该能够自己书写自己的故事。

虽然我不否认休闲/闲散具有解放人类的潜力，但我不确定，当这些哲学家将闲散的生活与对人性、真实性和自由的追求联系起来时，闲散的生活是否仍然具有"无目的性"。如果我们遵循罗素和皮珀的观点，休闲也许在日常意义上不"实用"，但它肯定有助于文明和文化的进步。我们之前提到，皮珀坚持认为休闲是人性的标志，将我们从"没完没了的工作"屈辱中解放出来。存在自由是我们成为人的先决条件，但一旦我们的人性或尊严受到威胁，休闲就不再是价值中立了，而是成为一种强制的要求。

鉴于这种对文化和人类繁荣的崇高追求，罗素、皮珀和希彭的休闲理念与我在本书中为之辩护的那种闲散相矛盾。根据我的理解，闲散者的典型特征是，他们对实现自己的潜力漠不关心、无动于衷，他们对出人头地不屑一顾。闲散者并不是为了实现人类繁荣的特定愿景而悠闲度日的。如前所述，许多人对闲散者感到失望或愤怒，是因为他们不屑于挖掘并发挥自己的潜力。但如果闲散者没有提升自我的紧迫感，他们为什么会觉得有必要推进文明或捍卫人类尊严呢？对于我在此辩护的那种闲散者来说，休闲似乎永远不太可能成为一种强制的要求。

在为闲散/懒散辩护时，奥康纳和科恩都认同无目的性的重要性。不过，他们最终都把闲散/懒散归为一种反抗的行为。然而，当闲散被用来抵抗我们的生产力文化的暴政时，它还是无目的的吗[19]？我认为，一个对社会期望漠不关心的闲散者并不是为了指点江山而闲散——他们就是单纯的懒。如果他们的闲散恰好体现了我们过度工作的文化，那完全是偶然、巧合。闲散者不是自己达成了此种成就，而是别人强加给他们的。毕竟，如果有人对主流文化进行强烈的批判，从而采取了另一种生活方式（就像林语堂所说的那些品格高尚的文人雅士一样），他们真的会对这种文化如此漠不关心或无动于衷吗？事实似乎正好相反。也就是说，他们必须足够关注我们这种对身份地位痴迷的超高生产力文化所产生的社会弊病，然后深思熟虑，才会抵制它们。

那些想要成为闲散者的人以及对超高生产力文化颇有微词的非闲散者，可能会对闲散者的生活充满向往。闲散者对社会期望无动于衷，于是他们从竞争激烈的工作环境中解脱出来，而这样的环境让很多人都感到紧张和窒息。但是无论他们的生活方式对不闲散的人来说多么多么鼓舞人心和令人生羡，都不需要被描绘成某种捍卫人类自由和尊严的崇高尝试。从某种程度来说，闲散之所以具有解放人类的潜力，是因为闲散者不会觉得自己必须对任何人负责。他们无须服从更高的使命。因此，坚持认为闲散是为了实现某种人类的使命或本真性，也就尤其具有讽刺意味。如果不是玩世不恭，我们怎么会把生活的最终目的寄托于一种被认为毫无目的的生活方式呢？闲散者只是闲散而已。他们就是这样。

在本章的开始，我描述了公司通过休闲来提高生产力的种种方式。随后，我简要介绍了6种关于反勤奋的观点。虽然他们对超高生产力文化及其资本主义和新自由主义的基础提出了相关批评，但他们中的许多人仍然把"不工作"工具化了。也就是说，他们继续按照休闲/闲散如何服务于我们的目的来定义它。具体来说，就是它如何帮助我们成为想要成为的人——本真的、有尊严的、自主的个体。然而，只要闲散者的特点是无目的性，闲散就会拒绝被工具化。因此，把闲散变成一种选择、一种抵抗或者一种对我们屈服于工作的弥补，往好了说是幻想，往坏了说是妄想。

闲散一些也无可厚非

第二章

闲散者有哪些不同类型？

在这一章，我将介绍各种各样的闲散者。我的目的是要告诉大家，闲散不是一件非黑即白的事情——一个人并不能被简单地归类为闲散者或非闲散者。有些人可能属于教科书级别的闲散者，另一些则不然。闲散也有程度之分。我并不是要评出闲散者之最，而是要分辨某个闲散者在多大程度上满足了闲散的条件。首先是程度最轻的闲散者——伪闲散者。伪闲散者是指那些自称闲散的人，却缺乏成为一个闲散者所必需的品质。事实上，以传统的标准来看，他们中的许多人都是勤奋、高效的人。这些伪闲散者可以分为自我鞭笞型闲散者、社交型闲散者和假装型闲散者。其次，我将介绍表现型闲散者。与伪闲散者不同，表现型闲散者具有闲散者的典型特征——他们不付出什么努力，得过且过。表现型闲散者的显著特征是他们拿闲散来炫耀。对他们来说，闲散是提高社会地位的一种手段。表现型闲散者又可以分为虚伪型闲散者、奢侈型闲散者和桀骜不驯型闲散者。最后，我将介绍反主流文化型闲散者。这一类型的闲散者在很多方面都与教科书级别的闲散者相似——他们在社会上是边缘人物，不关心传统意义上的成功和成就。对于反主流文化型闲散者来说，闲散是他们自主选择的生活方式。

下一章的结尾，我会讲到最闲散的闲散者。我在本章中提到的许多人虽然表现出了闲散者的常见特征（不工作、没有达到预期等），但他们在意的东西太多，因而并不是十足的闲散者。不管他们对自己的闲散引以为豪还是倍感羞耻，他们都对自己闲散者的身份存在情感上的依恋，这都意味着他们并不是他们所希望或害怕成为的那种彻头彻尾的闲散者。

为了便于评估各种闲散者，我们回顾一下我在"导读"部分提出的对于闲散者的定义。

1.闲散者是指成就低、潜能未发挥出来的人；也就是说，他们没有发挥出自己的潜力。2.闲散者成就低通常是他们不努力或不够努力的结果。3.闲散者对使自己成为有用之人的社会期望无动于衷，所以他们不努力或不够努力。

自我鞭笞型闲散者

当我告知朋友和同事，要为闲散者著书立说时，他们的反应普遍是："哦，我就是个闲散者！你写的不就是我吗！"起初，我被这样的反应吓了一跳。我们的世界如此重视生产力，为什么会有人自称是闲散者呢？为什么会有人愿意接受这样一个不讨人喜欢的标签？但我又突然想到，以传统的标准来看，许多自称闲散者的朋友和同事，其实根本不是闲散者。客观来说，他们许多人都成就斐然。他们大多是拥有博士学位或其他专业学位的学者，许多人在校任教，承担着繁重的教学任务，学术上依然硕果累累，甚至著作等身，成就非凡。那么，他们为什么还要自称是闲散者呢？当他们声称自己闲散时，真正想表达的意思是什么呢？

对于这样的人，我常常会朝他们翻个白眼并马上予以否认。我会说："你太谦虚了。"然而，我很清楚，他们不是单纯在假装谦虚。相反，他们中许多人真的认为自己是闲散者，尽管有充足的证据表明事实恰恰相反。当有人被追问，为何获得如此成就还要自称闲散时，他们中的一些人会对自己的努力轻描淡写，将自己的成就归因于运气好、悟性高或是钻了制度的空子。"没错，我确实发表了一篇不错的文章，但那是因为我走运，认识了一位编辑，他找我约稿。"通常情况下，他们还会这样回答："如果我不懒懒散散，本可以有更大的成就。"他们会对我说："如果我上学期没有沉迷于网飞，我本可以完成这个开题报告的。""我本应该申请参加这次会议，但是我懒得写申请。""我本应该利用周末批改完这一大堆作业，但我真的再也看不下去一篇诋毁笛卡尔的论文了。"虽然理由五花八门，但如出一辙的是，我这些闲散的朋友和同事认为，他们未能满足某些期望（不管是他们对自己的期望，还是别人强加给他们的期望）。他们深感自己碌碌无为，尽管他们实际上出类拔萃。

　　我那些自称闲散的朋友和同事满足了闲散的一个重要条件，那就是未达到预期或潜能未发挥出来。他们知道自己本可以获得更大的成就，但他们选择了纵容自己享乐或逃避挑战。也许他们觉得自己闲散，正是因为他们故意不满足期待。他们没有任何合理的理由来解释自己为什么没有完成开题报告、没有申请会议或没有批改论文，毕竟家里又没有紧急情况，身体也没有突发疾病。没有人比他们心里更清楚的了。

　　然而，我们必须得看看他们是否真的"潜能未发挥出来"，才能判断他们是否真的是纯粹的闲散者。这些自称闲散的人可能真的没有逐一完成他们待办事项清单上的事情，又或许确实本可以有更大的成就，但无论如何，把一个拥有专业学位、教学任务繁重、简历优秀的人称为闲散者似乎是无稽之谈。倘若这样的人也是"闲散者",那么世界上应该不存在勤勉的人了吧！我们知道，发表学术成果非常重要，它决定了能否获得理想的工作，又或是能否获得终身教职。事业有成者之所以深感碌碌无为，可能是他们的计划过于宏大——他们心怀宏图远志，立志在学术界大展身手。因此，许多人误认为自己"碌碌无为"。（诚然，并非所有自称闲散的人都对自己存在误解。他们中一些人确实是"潜能未发挥出来"，但他们有足够的自知之明，承认自己属实闲散。目前我们主要还是讨论伪闲散者。）

　　这些对自己存在误解的人并不是十足的闲散者。换言之，在这些成就卓越、自我鞭笞的闲散者身上，缺乏漠不关心的品质。他们中的许多人非但没有对闲散无动于衷，反而因为没有取得更大的成就而感到内疚或难为情。然而，在我看来，一个真正的闲散者是不会在意让别人或自己失望的。他们的简历可能平平无奇，但只要他们觉得够用，就没有内在的动力去做进一步的改进了。同样，他们也不会因为没有取得更大的成就而感到失望，甚至自责。

社交型闲散者

　　与我们上面看到的那些成就卓越、自我鞭笞的闲散者不同，一些自称闲散的人很清楚自己不是闲散者；他们只是假装是一个这样的人。他们装模作样的原因可能很大程度上是出于善意。例如，有些人可能会假装闲散，以便融入周围的环境。假设你和一群闲散的人在一起，你可能不想因为勤奋而显得与众不同，也不想因此被人取笑，所以你自称是一个闲散者，以便随大流。有些人本身并不爱抽烟，但在社交场合也会顺势接过别人递过来的烟，吞云吐雾一番。社交型闲散者与此类似，他们假装闲散只是为了顺应文化潮流而已。

与社交型闲散者很接近的是感同身受型闲散者。这一类闲散者不是想给周围的人留下好印象，也没有随大流的压力，他们假装闲散就是为了合群。"团结就是闲散"是他们的座右铭。假设明天就要交作业了，而你的闲散朋友一直在拖延，那么即使你已经按时完成了作业，你可能也会在你的闲散朋友面前谎称自己没做完。你想宽慰朋友，想表现得好像你们俩一样闲散，这就是感同身受型闲散者。这样的伪装似乎是善意的。当然，这样很有一种高高在上的意味；但感同身受型闲散者大多只是想让他们的朋友心里好受一些，所以我不想再对他们加以赘述。不过，有些伪装闲散的人动机则更为可疑，例如我将在下一节中介绍的假装型闲散者。

假装型闲散者

假装型闲散者通常会把他们的闲散公之于众。他们之所以宣传自己的闲散，是因为他们想要显得毫不费力和满不在乎。就像自我鞭笞型闲散者一样，假装型闲散者很可能也成就斐然。不同的是，自我鞭笞型闲散者误认为自己闲散，而假装型闲散者则是有意欺瞒。假装型闲散者努力工作，但他们掩盖了自己努力工作这一事实。如果你问一个假装型闲散者他有没有学习，他可能会说："没有，我没复习。我整晚都在玩《使命召唤》(*Call of Duty*)❶。"假装型闲散者追求的是一种洒脱的态度——他们精心营造自己毫不费力就能取得成就的人设。文艺复兴时期意大利作家巴尔达萨雷·卡斯蒂廖内（Baldassare Castiglione，1478—1529）在他的《廷臣》(*Book of the Courtier*)一书中使用了"洒脱"(sprezzatura)一词，来描述一个得体的朝臣在宫廷中优雅的举止。洒脱是"一种不露痕迹的淡然，无论说什么或做什么都显得漫不经心、毫不费力"。例如，一个好的服务员可以一次把多道菜端到桌子上。然而，一个优秀的服务员可以潇洒地端上多道菜，并且看起来很轻松。在卡斯蒂廖内看来，举重若轻"会激发最大的奇迹；相比之下，埋头苦干……则显得极不优雅，并会导致一切都大打折扣，无论它的价值如何"。这或许可以解释为什么假装型闲散者如此渴望自己看起来做任何事都毫不费力。他们担心的是，如果承认自己努力了，他们的成就会

---

❶ 《使命召唤》是由大锤工作室（Sledgehammer Games）制作，动视暴雪（Activision）发行的一款第一人称射击类游戏。——译者注

被"打折扣"，显得不那么有价值。假装型闲散者担心太努力会让自己看起来不顾一切、全力以赴；更糟糕的是，如果他们的努力没有得到回报，他们会看起来很愚蠢。

成为这样的伪闲散者也无可厚非吗？自我鞭笞型闲散者似乎无法正视自己的努力和成就。他们不为已经取得的成就欢欣鼓舞，眼中所见只有待办事项清单上未完成的事项。但是，我们应该为他们误解自己感到同情，而不是责备。社交型闲散者屈服于同伴的压力，以适应环境，而假装型闲散者掩盖自己的努力，让自己看起来毫不费力。这两类闲散者都在努力伪装自己，欺骗别人。欺骗当然不好，我们反感这两类人更主要是因为欺骗，而不是因为闲散。

到目前为止，我们介绍的那些伪闲散者实际上都很勤奋，成就卓越。他们有些人觉得自己应该有更大的成就，而另一些人则隐藏自己的努力，以适应环境或夸大自己的成就。接下来，我们将介绍另一类闲散者：表现型闲散者。表现型闲散者通常效率低下；然而，他们非但不会因为自己的闲散而感到尴尬，而是会炫耀自己的闲散。

虚伪型闲散者

并非所有的闲散者都不会实事求是地谈自己的努力。有些人真的轻而易举就能得偿所愿，这些幸运儿不会假装闲散，而是会炫耀闲散。不过，他们会用一种迂回的方式，假装对自己的闲散难为情。例如，他们可能会说："哦，天哪，我昨晚没有看书，玩了一整晚电子游戏。我太堕落了。"或者说："我没花太多时间准备这次的展示。我太懒了，真是太尴尬了。"但是，他们这么做的真正目的是要给人留下深刻印象。虽然虚伪的闲散者不会撒谎说自己没有付出努力，但他们对自己的闲散大肆炫耀，其中也充斥着虚情假意。毕竟，他们实际上并不为自己的闲散感到尴尬；相反，他们为此骄傲。他们假装尴尬的潜台词是，他们不需要努力就能成功。所以，他们真正想说的是："我不努力学习，但我仍然可以在考试中得 A。"虚伪型闲散者想让别人知道，他们"懒得起"，因为他们头脑聪明、天赋异禀。事实上，他们强调自己毫不费力就能获得成就，正是想夸耀自身的能力。老师都爱对家长说这样的话："你儿子很有潜力——要是肯努力就好了。"这样的言辞会令我们产生错觉——如果闲散的人再努力一点，可能会取得惊人的成就。正如卡斯蒂廖内所言，"旁观者相信，一个技能如此娴熟、表现如此优异的人，一定拥有比他更高的天赋，并且如果他付出巨大的辛苦和努力，他会表现得更好"。虚伪型闲散者试图通过强调和炫耀他们毫不费力，让他们的成就看起来更令人印象深刻。

假装型闲散者和虚伪型闲散者都想让自己看起来毫不

费力。他们打着自嘲的幌子吹嘘自己的成就。他们真的闲散吗？在我看来，假装型闲散者无疑并不是真正的闲散者。毕竟，他们成就很高，工作也很努力。他们只是假装闲散，来给自己加分。假装型闲散者可能表现得像或自称是闲散者，但他们对自己是否闲散绝不是漠不关心（事实上，他们非常在意）。

然而，虚伪型闲散者要狡猾得多。他们不是假装闲散——他们就是闲散。他们的虚伪之处不在于他们闲散，而在于他们夸耀自己的闲散。实际上，这些虚伪的闲散者对自己的成就心知肚明。他们可能希望别人认为他们能取得更多成就，但并不太认为自己碌碌无为。事实上，如果没有人注意到他们的成就，虚伪的闲散者会大失所望。我们早已定义过闲散者，闲散的一个关键特征在于一个人不在乎自己的潜力是否完全发挥。由此可见，那些虚伪型闲散者并不符合这一标准。教科书级别的闲散者对自己没有成就无动于衷；他们并不在乎自己是否令人失望。然而，虚伪型闲散者需要大肆炫耀（或力图表现），这样他们才能成为大家羡慕的对象。

奢侈型闲散者

我们在第一章中提到，罗素批评了富人和穷人在闲散方面截然不同的状况。长期以来，闲散一直是有闲阶级的特权。

拥有土地的富有贵族可以剥削普通民众，从而有时间从事高尚而悠闲的活动。罗素所说的，有点类似于大众对无所事事的富人的刻板印象：那些人的生活很无聊，因为他们不需要为生计而工作。事实上，无所事事的富人形象是可以人为培养的。在《论闲适：哲学随笔》中，奥康纳就谈到了"做作的闲适"，这种闲适"是（精心）营造的，并被设计成一种轻松自在、高高在上的形象，凌驾于大众难以理解的劳动之上。在炫耀这种闲适时，传统社会观念很少或没有被削弱。无所事事的富人希望有人看到和羡慕他们"。

正如在第一章中讨论过的，奥康纳最感兴趣的是如何通过闲适将我们从传统意义上的成功压力中解放出来。然而，做作的闲适是为了给人留下深刻印象，提高自己的声望，得到社会的认可。因此，它从本质上来说不是奥康纳试图捍卫的那种解放性的闲适。

无所事事的富人形象很好地提醒我们，闲散可以是社会地位的象征。奢侈型闲散者指的正是那些宣称自己闲散，以此来炫耀财富的人。例如，奢侈型闲散者可能会谦虚地自夸："呃，我懒得走路，还是给我的司机打个电话吧。"或者就像20世纪90年代的超模琳达·埃万杰利斯塔（Linda Evangelista）在接受《时尚》（*Vogue*）杂志采访时所说的，她和其他超模"每天的收入不会低于1万美元"。在社交媒体上炫耀自己的休闲活动是一种典型的炫富行为。例如，照片墙账号"互联网富二代"（Rich Kids of the Internet）苦心经营，只为向大众展示富人们奢侈的购物狂欢、私人飞机度假、稀有的宠物和豪华派对[①]。2018年10月，炫富挑战❶在中国走红[②]。富裕的中国千禧一代争先恐后地拍他们脸朝下摔倒的照片，身边散落着奢侈品（名表、名包、现金）。这种照片在视觉上很吸引人——富二代躺在地上炫富，任谁都会多看两眼[③]。不过，这样的行为也格外地愚蠢可笑。人们本就常常认为闲散的人不成熟、不负责任，而这种无聊的炫富挑战只会将这样的标签贴得更牢。实际上，无所事事的富人之所以被贴上无所事事的标签，不仅仅是因为他们不愿意或不需要为生计而工作。他们拿钱不当回事的行为也使他们看起来格外饱食终日、游手好闲。奢侈型闲散者通过可笑的活动来炫耀自己的闲散，其实是在炫耀他们的财富和特权。

桀骜不驯型闲散者

闲散的人除了炫耀财富，也可能会吹嘘其他东西，比如叛逆。或许你早在学生时期就遇到过一些"很酷"、不守规矩

---

❶ 最初是俄罗斯名模在照片墙上发起的"Falling stars"挑战，看似是照片上的人不小心摔了一跤，掉了一地的奢侈品，实则是想不露痕迹地炫富。——译者注

的闲散者。他们不按时交作业（能交就算不错了），似乎并不特别在乎是否能上大学或有一份体面的职业，而且他们通常对权威人士的告诫无动于衷。或许他们真的不关心自己的未来，这样的可能性也不小，但他们炫耀自己的无动于衷，仍然是为了给别人留下深刻印象。

举个例子，想想描写高中校园生活的电影《开放的美国学府》（*Fast Times at Ridgemont High*，1982）中那个经典的闲散者，杰夫·斯派克利（Jeff Spicoli）。这个角色由西恩·潘（Sean Penn）饰演，带有很多文化上的闲散者标签。片中，一个同学建议斯派克利找份工作，他却反问道："为什么？"斯派克利是一名资深的瘾君子，他对学校和学习漠不关心（除了在停尸房上的生物课），喜欢打破规则，挑战权威——他第一次出场时，就打着赤膊，对汉堡店的着装要求嗤之以鼻。斯派克利特别喜欢激怒象征权威的历史老师汉德先生［Mr. Hand，雷·沃尔斯顿（Ray Walston）饰］，还经常迟到，即使准时来上课，他也会让人直接把比萨送到教室，让汉德先生大为光火。

有趣的是，他深知自己大部分无耻的行为都被别人尽收眼底。尽管斯派克利总是一副漫不经心的样子，但他其实很在乎别人对他的看法。毕业舞会那天晚上，汉德先生在斯派克利家里给他单独上课（作为惩罚），斯派克利几乎没有反抗。课程结束时，他问汉德先生，是否每年都有"像他这样的人"，让汉德先生拿来"杀一儆百"。由此可见，斯派克利心知肚明，他在学校和汉德先生的"过招"备受瞩目。对于这样的桀骜不驯型闲散者来说，对学习或学校漠不关心就如同在餐馆里光膀子，开车时横冲直撞，或者让人直接把比萨送到教室——都是他们展示叛逆的方式。

尽管从客观上来说，奢侈型闲散者和桀骜不驯型闲散者都成就平平（至少从传统的标准来看是如此），但他们都不算真正的闲散者。这是因为，借用奥康纳的话来说，他们非常希望有人"看到"他们，并对他们心生"羡慕"。虽然他们可能对自己的平均学分绩点或职务不感兴趣，但他们对自己的闲散身份很执着。塑造一个闲散的形象对他们来说很重要，因为他们能借此彰显身份。

做个表现型闲散者也无可厚非吗？对于表现型闲散者来说，闲散其实是一种炫耀的方式。虚伪型闲散者炫耀他们的智力，奢侈型闲散者炫耀他们的社会地位，桀骜不驯型闲散者炫耀他们的叛逆。表现型闲散者无疑让人生厌，尽管他们努力表现出优越感，但他们的行为暴露了内心的不安全感。可是，和伪闲散者一样，我们似乎更应该对这些表现型闲散者报以同情，而不是指责。他们渴望得到认可，从而做了许多令他们很可悲的事情。尽管如此，他们并没有因为炫耀自己的闲散而对任何人不利。

表现型闲散者会为了给人留下深刻印象而放松对自己的要求，但并非所有叛逆的闲散者都是想炫耀自己、以自我为中心的人。接下来，我将介绍一群和教科书级别的闲散者很像（至少在表面上很像）的闲散者。也就是说，按照传统的标准，这些闲散者确实碌碌无为。不像那些卓有成就的闲散者，他们连简历也乏善可陈，没有任何闪光点。与表现型闲散者不同，他们不想给人留下深刻印象。相反，对他们来说，闲散是一种深思熟虑后的选择。

反主流文化型闲散者

我们在第一章中看到，反勤奋者可以作为反对高生产力文化的中坚力量。许多人可能在深思熟虑之后选择闲散这样一种生活方式，他们目标明确。我们已经讲过"闲适的中国学者"的例子，他们就是反主流文化型闲散者的典型代表。如前文所述，中国文学界有一个悠久的传统，即知识分子放弃官衔，退居田园，过上醉心创作的简单生活。在高度墨守成规的儒家文化背景下，放弃官衔是对主流学术文化的一种拒绝，而主流文化所代表的，正是声望、财富和政治权力。因此，过安逸和闲适的生活往往被称赞为"高风亮节"，闲散的学者受到尊敬而不是指责。他们拒绝参与公民生活（他们

第二章　闲散者有哪些不同类型？

勤学苦读，是为了更好地服务于百姓），完全是经过深思熟虑后的选择。

举一个更现代的例子，看看理查德·林克莱特（Richard Linklater）的电影《都市浪人》（*Slacker*）。这部电影于1991年上映，倍受观众追捧。电影讲述了得克萨斯州奥斯汀市一群看似胸无大志的年轻流浪者一天中的故事。电影没有具体情节和具体主角，画面直接从一个角色转到另一个角色，从一段对话（或独白）转到下一段对话（或独白）。没有冲突，没有高潮。每个角色只出现一两个场景，所以也不存在角色的成长。从表面上看，这部电影讲述的是闲散者散漫、漂泊的生活，显得漫无目的，正如一个闲散的人缺乏人生目标一样。但实际上，电影的主旨掩盖在它那自由流动的叙事结构下。导演认为，闲散远非缺乏目标、无所事事，而是一场反文化运动，因此呈现给观众这样一部电影。电影里出现了形形色色的闲散者：一个女人兜售麦当娜子宫颈刮片，几个精明的孩子贩卖偷来的苏打水，一个全副武装的强盗和他想抢劫的男人成了朋友，一个男人拒绝了女朋友外出的邀请，因为他觉得"出去玩是有预谋的娱乐活动"。他们几乎都没有一份能拿薪水的工作，也压根不在乎。他们在电影中从始至终都带着一种明显的反就业态度，从下面的对话中可见一斑：

视频采访者：你靠什么谋生？

搭车者：你是说工作吗？为了谋生而做的那种工作，去他的吧。那种工作到头来只会喂饱剥削我们的那帮家伙。嘿，你看，我现在不是很好吗？我可能过得很糟糕，但为了谋生而工作不也一样很糟糕……

视频采访者：你还有什么要补充的吗？

搭车者：有，我还想说，所有的工人们，你生产的每一件商品都加速了自己的死亡。④

　　搭车者似乎出于某种原则而拒绝找工作。他不想找工作，因为他反对公司资本主义，拒绝与剥削制度同流合污。不出所料，这部电影的创作者导演林克莱特坦承，他利用闲散来发表社会政治评论。在一次采访中，林克莱特将闲散者描述为"激进的人，不参与社会活动，认为社会活动没多大意义"。影片中的流浪者"有意置身于社会之外，不实现社会对他们的期望"。这部电影中有一句台词令人印象深刻，提炼了闲散的本质，即有目的和故意的："因厌恶退出和因冷漠退出不是一回事。"对崇尚生产力的主流文化提出异议，不随波逐流，需要深思熟虑、意志坚定、别出心裁，也需要付出大量努力。（兜售麦当娜子宫颈刮片显然需要一定的独创性和毅力。）闲散是一种抗议的形式，是一种动机强烈的反文化行动，而不仅仅是懒惰或冷漠。

林克莱特曾说过，自己无所事事的时候是"（他）一生中非常卓有成效的时期"。做一个闲散的人和做事富有成效完全不矛盾，因为工作（指能带来收入的工作）只是创造价值的其中一种方式。林克莱特坚称，他电影里的闲散者并不是什么都不做。他们看电影，逛书店，讨论政治和月经，创作艺术品和自己的乌托邦。他们可能不是朝九晚五的上班族，但他们是实干家和创造者。《都市浪人》抨击的不是生产力本身，而是为贪婪的企业服务的生产力。它针砭时弊，目的明确，尽管它并不存在清晰的情节主线和跌宕起伏的故事结构。

那么，做一个反主流文化型闲散者是否也无可厚非呢？一个反主流文化型闲散者有意批判资本主义，拒绝崇拜生产力。在我看来，我很难理解为什么人们无法在道德上接受用闲散来抨击社会弊病。事实上，许多人甚至会对反主流文化型闲散者肃然起敬，因为这些闲散者按照自己的原则生活。然而，做一个反主流文化型闲散者又有一些讽刺的意味。当闲散本身成为一种事业、一种承诺和一种创造力的表达时，闲散者还能被视为闲散吗？我们现在回到了第一章的问题。如果我们认为闲散者缺乏明确的目标，或对一切持不置可否的态度，那么视他们为反文化运动的先锋似乎并不明智。不是说闲散者没有政治意识，也不是说他们对不公正现象漠不关心。令我困扰的是，如果闲散的本质是漫无目的，它是否还能成为一种抵抗的工具？即使我们忽略闲散者身上漠不关心的特质，林克莱特影片中的闲散者是否满足闲散者的条件，这个问题仍然存在。如前所述，林克莱特影片中的闲散者挑战的是企业的消费主义生产力主流文化。他们可能不会做电子表格，也不会写年度报告，但他们会花时间思考和建立联系（主要是通过对话）。换句话说，如果我们拓宽"生产力"这一概念的标准，林克莱特电影里的闲散者们可能就不会像他们那样看起来无所作为。事实上，他们甚至可能比那些朝九晚五的上班族创造了更多的价值。对于林克莱特电影里的闲散者们来说，衡量生产力的标准不是一个人能完成多少销售额，或者他能把劳动转化为利润的效率有多高；相反，它是通过一个人的批判性思维和创造性生活的能力来衡量的。

林克莱特电影里的闲散者在很多方面都很像典型的闲散者，因为他们的生活似乎漫无目的。比起我们上面提到的那些伪闲散者和表现型闲散者，他们更接近教科书级别的闲散者。然而，一旦我们把闲散变成一个奋斗目标，闲散者就失去了"无目的性"这一特质。因此，反主流文化型闲散者实际上并不是十足的闲散者。但下这个结论，我们就有麻烦了。如果连林克莱特电影里的闲散者都算不上真正的闲散者，那还有谁能算得上呢？我们将在第三章的结尾找到答案。第三章中分析的闲散者是好莱坞式的闲散者。我将介绍几部经典的闲散者电影，并讨论闲散者在其中的象征意义。正如我将要说明的那样，一个十足的闲散者就是一个无缘无故型好莱坞式闲散者。

闲散一些也无可厚非

第三章

好莱坞式闲散者是
十足的闲散者吗?

上一章中，我们提到了一些典型的好莱坞式闲散者——电影《开放的美国学府》里的斯派克利，以及林克莱特电影里形形色色的闲散者。在本章中，我将主要关注好莱坞电影中的闲散者角色。好莱坞式闲散者通常和教科书级别的闲散者相似，他们缺乏生活目标，没有改变自己的动力，而且通常对自己的闲散状态漠不关心。我们在好莱坞电影中看到的典型闲散者角色几乎总是白人男性，只有少数例外。尽管闲散者的年龄跨度颇大，可能是十几岁的青春期男孩，也可能是中年男子，但却很少是孩子或老人。闲散者一般都处于正常工作的年龄，这倒也正常，本该工作却游手好闲，正是表现闲散者特点的一种好方法。好莱坞式闲散者通常被塑造成好逸恶劳的人，或者根本就是寄生虫；最喜欢的消遣是看电视，永远窝在朋友的沙发上，或者盘踞着父母的地下室。虽然好莱坞式闲散者形象常常不讨人喜欢，但他们也可能是令观众感同身受的"反英雄"（anti-hero）❶。我们喜欢看好莱坞式的闲散者，因此思考一下闲散者角色在好莱坞电影中的作用于我们有益。电影创作者想让我们观众从闲散者角色身上得到什么样的启发？我们在好莱坞式闲散者身上看到了怎样的角色发展？闲散者的角色是如何推动情节发展的？这些闲散者故事的寓意是什么？

好莱坞式闲散者：大男孩

懒惰是一种症状，即闲散者不能按照他的年龄行事的症状。他是个成年人，但他似乎还停留在无忧无虑的少年时代。闲散者的年龄和行为之间的不协调有时会产生很好的喜剧效果。但更多时候，这样的不协调是为了展示角色拒绝长大，拒绝承担与他的年龄相符的责任。闲散者只喜欢约会或追求年轻女人，更加证明了他是一个不负责任的大男孩。《都市浪人》的导演林克莱特还拍摄了另一部电影，《年少轻狂》（*Dazed and Confused*）。马修·麦康纳（Matthew McConaughey）在片中饰演闲散者戴维·伍德森（David Wooderson）。伍德森是一个典型的闲散者，还是个瘾君子，生活漫无目的。尽管已经高中毕业很多年了，伍德森仍然和

❶ 反英雄是与"英雄"相对应的一个概念，是美国漫画、电影、戏剧或小说中的一种角色类型。——译者注

高中生们厮混，他明目张胆地追求年轻漂亮的高中女生，和她们约会。他还有一句臭名昭著的台词："我为什么喜欢高中女生，伙计，因为我会变老，她们永远年轻。"[①]虽然他很"酷"，但这样的不成熟还是让人觉得他很可悲。同样，在另一部影片《菠萝快车》（*Pineapple Express*）中，塞斯·罗根（Seth Rogen）饰演在工作中嗑药的传票递送员戴尔·登顿（Dale Denton），他和大麻贩子一起出去玩，还和艾梅柏·希尔德（Amber Heard）饰演的高中毕业班学生安吉（Angie）约会。虽然戴尔只比安吉大几岁，但影片一直反复强调两人之间的代沟，提醒观众，这对小情侣不大般配。还有《歪小子斯科特》（*Scott Pilgrim vs. the World*）里的主人公斯科特，由迈克尔·塞拉（Michael Cera）饰演。他22岁，没有工作，一心想成为音乐人。斯科特和别人合租，连睡觉也在一张床上，室友勾搭上女人带回家，三人就同榻而眠。观众后来才知道，斯科特完全是寄生在室友家，公寓里95%的财产都属于他的室友。后来，室友要求斯科特搬出去。尽管生活一塌糊涂，斯科特也似乎对此毫不在意，更没有试图挣点钱。通过选择恋爱对象这件事，斯科特的闲散者身份再一次得到强化。电影的第一句台词就是斯科特朋友的画外音，他狐疑地问道："斯科特·皮尔格林（Scott Pilgrim）在和一个高中生约会？"[②]因此，我们从电影一开始就知道，斯科特正在和一个17岁的高中生约会，遭到了他的朋友和家人的强烈反对。

好莱坞电影中经常出现老男人和年轻女孩约会的场景，意味深长。有些电影用这样的场景来展示男人的"成功"或女人的贪婪（如"拜金的花瓶妻子"）。有些电影用来塑造庸俗的男人或天真的女人。然而，在闲散者电影中，这样的场景则表达着闲散者角色的不成熟。这样的"闲散者大男孩"年纪已经不小了，要么行为举止却颇为幼稚，要么约会对象还是青春少女。从好莱坞式闲散者的这一特点出发，闲散者类故事的一个常见桥段就是，他们如何克服自己的闲散者性格，改过自新，变成一个负责任的有用之人。

改过自新型闲散者

电影《一夜大肚》（*Knocked Up*）的主人公就是改过自新型闲散者的典型代表。塞斯·罗根再次出演闲散者，饰演本·斯通（Ben Stone）。说到闲散者，本在许多方面都符合这一形象：他没有固定工作，靠旧伤补偿金生活；偶尔也为色情网站工作，但更喜欢和狐朋狗友一起厮混。一场意外，本认识了一个前途无量的娱乐新闻记者艾莉森·斯科特〔Alison Scott，凯瑟琳·海格尔（Katherine Heigl）饰〕。谁知艾莉森竟然怀上了本的孩子。故事就此展开，二人决定担负起为人父母的责任，而生活并不是一帆风顺的。不难想见，闲散者本应该振作起来，承担责任，而敏感、理智的"好好小姐"艾莉森应该放松一点，生活得轻松一些。在影片的结尾，事实如此，我们看到了一个脱胎换骨的本。他找到了一份体面的工作，从朋友家搬了出来，坚持在艾莉森生产的时候陪在她身边。本不再是一个闲散者，而是一个负责任、于社会有益的公民，做好了当父亲的准备。

另一部以改过自新为主题的闲散者电影是《马克和德文上高中》（*Mac and Devin Go to High School*）。值得一提的是，这是少数几部起用有色人种为主角的电影之一。史诺普·道格（Snoop Dogg）饰演大龄青年马克（Mac），他是个典型的好莱坞式闲散者，和年纪更小的学生一起玩。《马克和德文上高中》主要讲述了马克一直没能从高中毕业，就这样当了15年的毕业班学生。15年后，他终于想毕业了。他年龄不小了，身份却还是学生，因而游走在年轻的女学生和年长的女老师之间，和她们交往。后来，马克爱上了学校里一位新老师，不过，这位老师告诉他，只有他顺利毕业，两人才能约会。就这样，马克有了完成高中学业的动力。马克开始和维兹·卡利法（Wiz Khalifa）饰演的毕业生代表德文（Devin）一起努力，提高成绩。观众很难界定马克是否真的改过自新，因为整部电影马克都"死性不改"。如果说电影结尾的时候，马克已经变成了一个传统意义上对社会有用的公民，那必然是严重夸大其词。但是，影片结尾，马克确实挽救了德文一直在做的科学项目，最终也获得了能够毕业的成绩。在电影的结尾，马克不再是高中生了。马克之所以想毕业，是因为他想和新老师约会，他的毕业也意味着他终于可以和同龄人约会了。

另一部由塞斯·罗根主演的闲散者电影《情色自拍》（*Zack and Miri Make a Porno*），讲述的是一个不同的闲散者改过自新的故事。在这部电影中，当闲散者最终发挥自己的潜能时，他们找到了人生中更大的目标。电影的名字恰如其分：在水电被掐断后，扎克［Zack，塞斯·罗根饰］和他的室友米妮［Miri，伊丽莎白·班克斯（Elizabeth Banks）饰］试图通过拍摄成人电影来解决燃眉之急。渐渐地，扎克和米妮越来越投入，两人之间的感情也逐渐升温。影片中的几个角色都表现出了闲散者的特征：扎克欠缴水电费，却用最后一笔钱买了一个情趣玩具；虽然米妮稍微更有责任心一些，但她缺乏生活目标——她最大的抱负是在同学聚会上和高中时的暗恋对象在一起。扎克有个成员在咖啡店工作，叫德莱尼［Delaney，克雷格·罗宾逊（Craig Robinson）饰］，比起上班，他更感兴趣邮局寄过来的残疾诉讼协议。

电影的最后，德莱尼感谢扎克和米妮的付出，以及他们对其他人的影响：

你看，曾经有段时间，我只是一个煮咖啡的臭老头，斯泰西（Stacey）只是一个跳艳舞的演员，巴里（Barry）和巴宝斯（Bubbles）谁也不认识谁……然后有两个人出现了，向我们展示了我们不曾知道的世界。在这个世界里，我们这样平凡的老人也可以做一些特别的事情。③

正如之前所述，闲散者一个重要的特质是，他们对实现自己的潜力漠不关心。考虑到这一点，德莱尼的评论（尽管是半开玩笑）意在用比喻召唤闲散者改过自新。像扎克和米妮一样，剧组成员也通过发挥他们之前埋没的天赋而有了进步。每个人都有所成长。《一夜大肚》、《马克和德文上高中》以及《情色自拍》都告诉观众，只要有正确的动机，即使闲散者也能咸鱼翻身。为人父让本有了人生目标，想和老师约会使马克有了努力毕业的理由，而拍色情片则让扎克、米妮和他们的伙伴展现出了他们最好的一面。

唱反调型闲散者

然而，并非所有的闲散者电影都有角色的转变，主角也并非都洗心革面、改过自新。正如我们在第二章中看到的，林克莱特的《都市浪人》直白地展示了一群看似毫无生产力的社会弃儿。这部电影没有具体的情节，也没有稳定的角色，只有一段段的对话或独白，所以我们只能了解每个闲散者的一些片段。前一个镜头中，我们看到一个人从他母亲身上碾过，下一个镜头又变成了一个人在痛斥资本主义。没有一个角色有两个以上的场景，角色谈不上成长，更不用说改过自新了。对林克莱特来说，需要改头换面的不是个别闲散者，而是我们痴迷于身份地位、崇尚高生产力的社会文化。他拍摄《都市浪人》，为的是针砭时弊。

然而，改过自新和针砭时弊的故事并不矛盾。事实上，在闲散者电影中，改过自新这一主题恰好可以很好地对社会进行批判。比如，迈克·贾奇（Mike Judge）执导的经典闲散者电影《上班一条虫》（*Office Space*）。与好莱坞其他闲散者（啃老的瘾君子）不同，主角彼得［Peter，朗·里维斯顿（Ron Livingston）饰］有一份坐办公室的稳定工作，但是他的班上得勉勉强强。作为一名计算机程序员，彼得的工作乏味枯燥——他要处理数千行代码，把银行软件中的年份从两位数改为四位数（如98年改为1998年）。他觉得自己的工作毫无意义，老板专横跋扈，同事令人讨厌。

尽管有一份稳定的工作，能自己养活自己，彼得还是符合好莱坞式闲散者的标准。当他的邻居劳伦斯［Lawrence，戴德里克·巴德（Diedrich Bader）饰］问他，如果他有100万美元，不再需要工作，他会做什么，彼得回答说："我会放松，整天坐着，无所事事。"④对此，劳伦斯补充道："没有100万美元你也可以，伙计。看看我表弟。他破产了，屁事不做。"⑤在一次催眠治疗之后，彼得达到了完全放松的状态，于是他干脆就不工作了。事实上，他甚至懒得辞职，因为申请辞职意味着他很在乎工作，想给老板一个交代。他对爱慕对象乔安娜〔Joanna，詹妮弗·安妮斯顿（Jennifer Aniston）饰〕说："就是不想干了。"⑥

　　虽然彼得可能显得既懒惰又不负责任，但他符合闲散者的标准，最主要还是因为他缺乏动力。用他自己的话说就是："我不是懒，只是不在乎。"⑦在第一章中，我提到不负责任不是闲散者的主要特质（当然，闲散者可能不负责任）。相反，闲散者是指那些潜能未发挥出来的人。同样重要的是，闲散者对自己没有成就漠不关心。彼得是一个闲散者，因为他总是得过且过，他对自己缺乏动力的事实不仅毫不掩饰，而且心安理得。例如，当他接受两位负责裁员的人事的面谈时，他承认道："我真正的动机是不想被打扰。还有我害怕丢掉工作，但是你懂得……我只会努力不让自己被解雇。"⑧具有讽刺意味的是，两位顾问认为彼得需要在工作中承担更多的责任，这样他就能更有动力，最终，彼得因为面谈得到了晋升。

　　另一个被指责得过且过的角色是彼得的爱慕对象乔安娜。

乔安娜是乔奇餐厅的女服务员。和其他服务员一样，乔安娜被要求在制服上佩戴15件"引人瞩目的饰品"（其实就是别针或纽扣）。尽管乔安娜遵守了餐厅的规定，但她的老板斯坦（Stan）还是训斥了她，因为她没有充分把自己的亮点展示出来。他们的对话既有趣又发人深省：

> **乔安娜：**好吧，好吧，你想让我多戴几件饰品吗？
>
> **斯坦：**听我说，乔安娜。
>
> **乔安娜：**好的。
>
> **斯坦：**人们在哪儿都能吃到芝士汉堡，是吧？他们来乔奇餐厅是冲着这里的氛围和态度。这就是乔奇的魅力所在，就是有意思。
>
> **乔安娜：**好吧。所以就再多戴几件？
>
> **斯坦：**听我说，我们希望你展示自我，好吗？如果你认为15件足够了，那也可以。但是有些员工选择多戴几件，餐厅鼓励这样，你知道的，对吧？而且你一定也想展示自我，不是吗？[1]

斯坦不仅在意数字，还在意"态度"，员工是否佩戴更多饰品，就体现了相应的态度。他希望，乔安娜穿得更有风格，是因为她想这样做，是她自己选择这样做，而不是简单地因为她被要求这样做。对斯坦来说，这些有看头的打扮既是对工作投入的证明，也是展示自我的一种方式。这就要说回舆论、生产力和身份三者之间的关系了。正如我们在第一章中所看到的，舆论和意识形态就像工作一样，是我们的生产力文化不可或缺的组成部分，并对我们的身份认同产生相应的影响。随着社交媒体的兴起，我们在网上获得的"点赞"和评论数构成了我们的身份，我们的生产力通常由我们在社交媒体上的表现所决定。同样，乔安娜也被要求用她的别针和纽扣来表达她的身份，并展示她对工作的投入度。因此，乔安娜不关心佩戴多少别针，意味着对两种事物的拒绝：发表见解和工作。

乍一看，《上班一条虫》似乎并没有遵循一个典型闲散者电影的改过自新套路——一个懒惰、不负责任的大男孩成长为成熟可靠的人。事实上，彼得的人生轨迹似乎恰恰完全相反。电影一开始，彼得每天早晨都要赶早高峰的车去上班；一段时间之后，彼得不再上班；在电影的结尾，彼得完全放弃了软件程序员的职业，成了一名建筑工人。彼得的前同事来到建筑工地，问他是否需要帮忙找工作时（好像当建筑工人不是一份正式的工作），他断然拒绝了。在影片的倒数第二个场景中，彼得正在拆除他以前工作的办公大楼（大楼被一个不满的员工放火烧毁）。换句话说，彼得在这部电影中的最

第三章　好莱坞式闲散者是十足的闲散者吗？

93

后一幕就是拆掉他曾经的工作场所。

虽然《上班一条虫》似乎与我们在《一夜大肚》、《马克和德文上高中》或《情色自拍》中看到的改过自新故事截然不同，但仍然表现的是改过自新的主题。闲散者彼得得到救赎，不是向生产力文化屈服，而是拒绝。（因此，他是一个唱反调型闲散者）回想第一章，我提到了几篇崇尚休闲、反对勤奋的文章。我认为，尽管许多思想家坚持认为休闲本身有好处（也就是说，休闲不是提高生产力的一种手段），但他们仍然认为休闲有目的。罗素、皮珀和希彭认为，休闲是文明进步和人类繁荣的重要工具。奥康纳和科恩认为，懒惰是对生产力文化的一种隐性的无声抵制。对于这些思想家来说，"不工作"是一种更真实、更有尊严、更自主的生活方式。鉴于此，《上班一条虫》提供了通往美好生活的另一条道路——不用坐在办公室里，做一些修改数字的枯燥工作。尽管彼得失去了程序员的工作，但在影片的最后，他似乎更快乐、更满足了。他这样评价自己的建筑工作："不是很糟糕，对吧？既能赚钱，还能锻炼身体，还是在户外工作。"[20]因此，闲散者彼得得到救赎，不是通过成为一个有上进心、高生产力的公民，而是通过拥抱一种不同的美好生活愿景——一种不遵循典型成功模式的美好生活愿景。

无缘无故型闲散者[①]

另一部同样不走改过自新路线的闲散者电影，是科恩（Coen）兄弟导演的《谋杀绿脚趾》（*The Big Lebowski*），同样值得注意。杰夫·布里奇斯（Jeff Bridges）在片中饰演的勒保斯基（Lebowski），绰号"督爷"（The Dude），是好莱坞电影中最著名的闲散者之一。影片一开始就是一段旁白，介绍"督爷"是"一个懒人……很可能是洛杉矶县最懒的人"[②]。我们的目光也跟随着屏幕上的风滚草，漫无目的地在洛杉矶飘荡。"督爷"第一次出场，就是穿着浴袍在超市里查看一盒稀奶油什么时候过期，这身打扮很符合他闲散的形象。后来，"督爷"被误认作一个与他同姓的百万富翁，并被一伙"暴徒"殴打。他受了伤，但更让他生气的是，其中一个"暴徒"临走前尿在了他的地毯上。在和朋友沃尔特［Walter，约翰·古德曼（John Goodman）饰］商议一番之后，"督爷"决定与另一个勒保斯基（那位百万富翁，"大"勒保斯基）对质，希望他能赔偿一块地毯。后来，大勒保斯基［大卫·霍德尔斯顿（David Huddleston）饰］的妻子邦尼［Bunny，塔拉·里德（Tara Reid）饰］被绑架。这也是影片最重要的情节。"督爷"同意当替身，向绑匪交付赎金，但要收取一定费用。在沃尔特令交付泡汤了之后，"督爷"慢慢发现，绑架事件牵涉多方关系，每个人都在想法子弄到这笔赎金。

尽管名字相同，但大勒保斯基的形象和"督爷"相去甚远。大勒保斯基勤奋刻苦，是一位屡获殊荣的慈善家，与政客们往来频繁。他还领导着一个名为"小勒保斯基城市成就者"的慈善机构。用大勒保斯基的谄媚助手勃兰特［Brandt，菲利普·西摩·霍夫曼（Philip Seymour Hoffman）饰］的话说，这个慈善机构的目的是资助"老城区的孩子，他们潜力无限，但没有接受高等教育的机会"[13]。这一描述恰好可以用在"督爷"身上。与大勒保斯基和小勒保斯基不同，"督爷"既没有成就，也没有任何人生目标。在他们第一次见面时，大勒保斯基就痛斥"督爷"懒惰，大喊他只是一个希望得到施舍的流浪汉（尽管当时"督爷"只是想让他赔偿一块地毯）。

从表面上看，这部电影对"督爷"的刻画并不是特别讨喜。然而，他却赢得了观众的同情。为什么会这样呢？也许只是因为与其他角色相比，"督爷"相对无害。"督爷"可能很懒，但他不会特意去伤害别人。他只想和朋友打打保龄球，喝点白俄罗斯鸡尾酒。和他鲁莽、自以为是、睚眦必报的朋友沃尔特相比，他看起来像个和平主义者。与利用妻子被绑架的机会来欺骗自己的慈善机构的大勒保斯基相比，"督爷"看上去善良可爱（他是唯一一个关心邦尼安全的人）。相比于莫德·勒保斯基［Maude Lebowski，勒保斯基的女儿，朱莉安娜·穆尔〔Julianne Moore〕饰〕在没有得到对方同意的情况下，将毫无戒备的"督爷"变成了精子捐赠者，"督爷"更是诚实可靠。总之，与其他大多数角色相比，"督爷"实际上是一个相当正派的人。

这告诉我们什么呢？告诉我们世界上还有比漠不关心的闲散者更糟糕的人吗？或者野心可能不是一件好事？还是说做一个闲散者其实并没有那么糟糕？关于这些问题，《谋杀绿脚趾》已经从不同的角度进行了充分的分析。事实上，这部电影通过详尽的镜头语言予以仔细审视，似乎对几乎所有事情都进行了评论。电影从它的颠覆性恋物癖到它在本科课堂上的教学价值；从男性化的理论基础到神话故事，似乎道出了我们文化的方方面面。然而，我不太认为这部电影批判了生产力文化。与林克莱特的《都市浪人》不同，《谋杀绿脚趾》的意图并不明确，它并没有对生产力文化提出批评。"督爷"的闲散并不是为了反抗；他只不过是懒而已。当然，一部电影也可以被解读为对社会的批判，即使电影制作人并没有明确表态。但是考虑到"督爷"对生活的冷漠态度，把他的游手好闲当作某种宣言似乎相当讽刺。如果说"督爷"给想偷懒的人提供了任何灵感，那完全是偶然的。正如沃尔特所指出的那样，"督爷"对所有事情的回答都很简单，"放松点，伙计"⑪。

和"督爷"一样，凯文·史密斯（Kevin Smith）的电影《疯狂店员》（*Clerks*）里的角色也是无缘无故型闲散者。《疯狂店员》讲述了便利店店员丹蒂［Dante，布赖恩·奥哈洛伦（Brian O'Halloran）饰］一天的生活，他在休息日被叫去加班。和林克莱特的《都市浪人》一样，《疯狂店员》也有各式各样的角色，例如典型的闲散者杰伊［Jay，贾森·梅维斯（Jason Mewes）饰］和沉默鲍勃［Silent Bob，凯文·史密斯饰］。这两人是在便利店附近闲逛的毒贩子，偷吃东西，整天和丹蒂作对。还有兰德尔［Randal，杰夫·安德森（Jeff Anderson）饰］，他是隔壁录像带出租店的店员。兰德尔是典型的闲散者，因为他既懒惰又不负责任。他无视店里的营业时间，上下班随心所欲，对顾客不理不睬，还把香烟卖给一个4岁的孩子，经常离开工作岗位，和丹蒂在一起闲逛。

被迫在休息日加班的丹蒂，更是丰富了闲散者形象的多样性。在一天时间里，丹蒂关了两次店：第一次是为了在便利店的屋顶上玩曲棍球，第二次是为了参加他已经两年没有联系的前女友的守灵仪式。工作时间玩游戏或处理个人事务似乎是典型的闲散行为。然而，对丹蒂来说（或者说他将其合理化），打曲棍球和参加守灵仪式实际上是"义务"，只是这些义务恰好与他作为店员的职责相冲突。毕竟，他已经答应别人在他本该休息的那一天去打曲棍球。和兰德尔不同的是，丹蒂参加守灵仪式不是为了好玩，而是出于责任感。换句话说，即使丹蒂逃避了他作为一个店员的责任，他这样做也是为了履行他的其他义务，而不是简单的偷懒。

与兰德尔、杰伊和沉默鲍勃相比，丹蒂似乎算是负责任。事实上，他在影片中多次唤起一种责任感。例如，他斥责兰德尔离开音像店："我们分别是快速停车便利店和RST录像带出租店的员工。因此，我们有一些责任，其中之一就是坚守岗位直到打烊——尽管这无比残酷、相当异常。"[15]然而，丹蒂确实表现出了一个闲散者的重要特征，那就是他对充分发挥自己的潜能满不在乎。例如，丹蒂的女友韦罗妮卡［Veronica，玛丽莲·廖蒂（Marilyn Ghigliotti）饰］试图说服丹蒂换一份工作，因为便利店店员没有前途，她想让他"找到人生的方向"[16]，但却以失败告终。影片其中一个场景就是韦罗妮卡恳求丹蒂道："你有太多的潜力都浪费掉了。我希望你能回学校去。"[17]她甚至转到了离丹蒂住处不远的一所学院，希望他能回心转意，重返校园。然而，丹蒂显然对此不感兴趣。他甚至懒得提出反对意见——他根本不在乎。

戏剧版《疯狂店员》的结尾是兰德尔离开便利店，对丹蒂说："你该下班了。"[18]然而，在最初的版本中，兰德尔离开便利店后，丹蒂被一名劫匪开枪打死。虽然肯定是最初版本的结局更惨，但这两个结局都并未表明丹蒂（或任何其他闲散者的角色）已经悔过自新或得到了救赎。直到最后，丹蒂还是那个失意、缺乏人生动力的人。所以，《疯狂店员》与《一夜大肚》不同，它并不是要把一个闲散者变成一个能创造价值的公民。《疯狂店员》中的闲散者们也与《上班一条虫》中的彼得不同，他们对展示自我不感兴趣，也不会通过为成功赋予一种新的概念来获得满足感。此外，与《上班一条虫》和《都市浪人》都不同的是，《疯狂店员》塑造的并不是唱反调型闲散者，也没有对生产力文化发表任何评论。在《上班一条虫》中，彼得终于摒弃了一种为企业生产力服务的职业道德，从中找到了满足感。在《都市浪人》中，一群社会弃儿反映了一种反就业的反主流文化，对抗企业的贪婪。正因如此，这两部电影中的闲散者形象是对我们传统成功模式的一种批判。然而，在《疯狂店员》中，做一个闲散者并不是一种抗议行为。丹蒂缺乏野心是因为他渴望待在自己的舒适区，漫无目的恰恰是带来更便利生活的一种方式。虽然兰德尔看起来更叛逆，但他的缺乏职业道德只是因为懒惰和自私，而肯定不是因为反企业、反资本主义的意识形态。说到底，《疯狂店员》里的闲散者更像《谋杀绿脚趾》里的"督爷"：他们是无缘无故型闲散者。他们全都只想"放轻松"。

＊　＊　＊

在第二章开头，我建议把闲散视为一个连续体。有些闲散者只是自称闲散者；以任何传统标准衡量，他们既不懒惰，成就也不低。这些伪闲散者处于这个连续体的一个极端。有些闲散者确实效率低下或潜能未发挥出来，但他们把闲散当作提升自己社会地位的一种手段。这些表现型闲散者处于闲散者连续体的中段；因为他们是表面上的闲散者，但不是精神上的闲散者。一些闲散者将闲散视为一种反抗，对他们来说，不工作是对资本主义的抗议。这些反主流文化型闲散者并不是十足的闲散者，因为他们仍然以一种颠覆性的方式挑战衡量成功和成就的传统标准。至少，他们投入了足够的精力来拒绝成功和成就。

我在本章中介绍的好莱坞式闲散者分布在这个连续体上不同的区域。有些是表现型闲散者，比如《开放的美国学府》中的斯派克利；有些是反主流文化型闲散者，比如《上班一条虫》中的彼得。一些好莱坞式闲散者一开始可能是一个真正（或相当接近的）闲散者，但他们最终向生产力文化妥协。在我看来，真正的闲散者是无缘无故型闲散者，这些闲散者并没有试图对他们的闲散表明立场。他们的闲散背后没有任何意识形态，他们的故事没有任何道德意义。《谋杀绿脚趾》

里的"督爷"只是想放松一下；他不是想给我们任何启示。《年少轻狂》里的伍德森是一个邋遢的闲散者，他只想和年轻人一起玩，和高中女生约会。影片没有讲述伍德森是否改过自新，也没有用浮夸的台词批评我们激烈竞争的文化。最后是《疯狂店员》里的丹蒂。在电影的最初版本中，丹蒂这个闲散者角色的无意义正是通过他的死亡来体现的。导演凯文·史密斯在一次采访中承认，他之所以以这种方式结束这部电影，只是因为他"不知道该如何结束这部电影"，以免有人试图为主角的死亡强加一些意义。换句话说，这个角色死了，这样导演就可以结束这部电影了。(顺便说一句，丹蒂这个角色的原型就是导演本人，他年轻时曾在6家便利店工作过。)要终结一个闲散者角色，还有比这更荒诞然而却更恰当的理由吗？

第四章

如何识别学术闲散者?

本章将重点介绍学术闲散者，即闲散的学生和教授。作为一名大学教授，我对学术闲散者有着切身的感受。我经常遇到这样的人，偶尔还会担心自己也是其中一员，但他们一直令我着迷不已。我花了整整一章的篇幅讨论学术闲散者，不仅是因为我个人对这个群体十分感兴趣，还出于以下几点原因。首先，闲散学生能将闲散的重要特征（辜负别人的期望）展现得淋漓尽致。且与职场人士不同，闲散学生不拿工资。如果一个人不是为了钱而工作，我们怎么能称他为闲散者呢？还有，从闲散学生身上，我们可以直观地理解为什么闲散者指的是那些没有发挥潜力的人，而不是那些未能在工作中履行职责的人。其次，闲散教授给人的刻板印象有着独特的政治意义。我们接下来会讲到，高等教育近年来饱受抨击，政客们把闲散教授给人的刻板印象当作武器，威胁要削减预算，或为削减预算找理由。职场闲散者很少能这样与政治搭上边。最后，学术闲散者十分特别，除此之外还有助于我们理解反对闲散的几种常见理由。例如，有人反对闲散，认为闲散者"吃白食"且不负责任，也有人认为闲散者破坏了公平和正义。仔细研究学术闲散者，有助于在接下来的章节中思考这些反对的理由。因此，即使每个行业都有闲散者，我仍然认为有必要单独用一章对独特的学术闲散者进行深入的分析。

　　本章的主要目标是刻画学术闲散者的形象。我将讨论人们对学术闲散者反感或愤怒的各种原因。不过，我要等到下两章才会为其辩护。我认为，拖延和吃白食既不是成为学术闲散者的必要条件，也不是充分条件。此外，随心所欲地拖延并不是一种可持续的偷懒方式。因此，虽然听起来可能有违常理，但学术闲散者实际上能胜任工作，并多少有些责任心。闲散学生可能会翘课或漏交一次不大重要的作业，但他们会参加期中考试，并按时上交一份质量一般的期末论文。同样，闲散教授可能不会参加毕业典礼，或者办公时间不好好待在办公室里，但他们会看准截止时间及时上传学生的期末成绩，以免受到学校的审查。他们可能不会发表大量文章，但他们会在一些二级期刊上发表足以获得终身教职的文章。学术闲散者的典型特征是，他们满足于"刚刚好"，达到最低限度的要求后就不再努力了。接下来，我将对此做出详细说明。

闲散学生

什么样的学生是闲散的学生？在前几章中，我们相继提到了几个闲散的学生：《马克和德文上高中》里的马克，一心只想与老师约会；《疯狂店员》里的大学辍学生丹蒂，缺乏重返大学的动力，这是他和女友之间发生冲突的主要根源。好莱坞式闲散者电影经常会塑造这种大龄高中生或大学辍学生形象，一提起闲散学生，人们就会想起他们。但是，我们每天遇到的闲散学生通常不会这么极端。通常情况下，一提起闲散，就会提起拖延。说到闲散的学生，人们可能会联想到一名高中生或本科生，不拖到最后一分钟不做功课。不管老师让一周还是一个月后交论文，闲散学生都会等到最后期限的前一天晚上才开始写。

闲散学生通常没有做作业的动力，因此经常拖延。然而，我们不应该把闲散学生与拖延者混为一谈。一方面，闲散学生可能根本不会拖延，甚至可能提前完成任务，因为他们很少在作业上花费精力或心思。另一方面，产生拖延的情绪，通常是因为人们面临着一项不愉快或艰巨的任务。[①]迟迟完不成作业的学生可能并不是不上心，而恰恰是太在意。他可能太想把作业完成好，对此过于焦虑不安，反而完不成作业。例如，一名学生如果担心成绩不好、让父母失望，可能一想起作业就会产生负面情绪（例如自我怀疑、焦虑），从而把一项简单的作业变成一项艰巨的任务。但是这种拖延症患者情况特殊，并不完全符合闲散者的标准。毕竟，有拖延症的学生担心自己可能会取得不好的成绩，根本不是对自己的学业成绩漠不关心，而是恰恰相反。这种对成就并非漠不关心或无动于衷的人，其实是一个自我鞭笞型拖延者，而不是一个闲散者。

通常，人们认为闲散的学生不但习惯拖延，还不负责任。学生逃避责任的方式有很多：不读指定的阅读材料，迟交或根本不交论文，想在小组项目中不劳而获，等等。然而，就像拖延症一样，逃避责任只是偷懒的诸多现象之一。更何况，学生逃避责任、拖延的原因很多，偷懒只是其中之一。例如，想不劳而获的学生可能并不是不关心自己的学习成绩，而是觉得别人替他做事理所当然。同样，一名学生拖拉作业可能是由于时间管理不善或压力大，而不是因为没有把精力投入学习中。参照"导读"中对闲散者的定义，闲散学生可以定义为对学业成绩漠不关心者。因此，虽然拖延症和无视自己的责任是闲散学生的共同特征，但它们都不是闲散学生的典型特征。

那么，什么样的学生是闲散学生呢？闲散学生指的是因为不愿付出努力，在学业上辜负别人期望的学生。闲散学生可能非常聪明，而且学习能力强，但他们通常不爱学习。也就是说，他们不认为学习本身是一件值得做的事情。尽管闲散学生有能力保持4.0的平均学分绩点，但他们只想得过且过，不想付出太多努力。因此，对于典型的闲散学生，最恰当的描述应该是：他的考试成绩刚刚及格或分数"勉强凑合"，他的座右铭是"60分万岁"。

闲散学生缺乏取得好成绩的动力，这也许可以解释为什么有那么多关于学习动机的研究，尤其是关于内在激励和外在激励之区别的讨论。当学生发现学习本身是一件值得做的事情时，他们受到的是内在激励，而当学习只是达到目的的一种手段时，他们受到的是外在激励。例如，同样是写一篇哲学课的研究论文，假如杰基受到内在激励，而山姆受到外在激励。只要受到激励，杰基（Jackie）和山姆（Sam）都会尽他们所能写出最好的论文。然而，山姆刻苦学习是因为他希望得到父母的认可，他受到的是外在激励。对山姆来说，写一篇好论文和获得好成绩是达到目的的一种手段。尽管他不觉得论文的主题特别有趣，但他还是愿意在这上面下一番功夫。相比之下，杰基受到的是内在激励，她觉得这个作业本身很有趣。她发现阅读哲学乐趣多多，研究的过程使她得到智力上的满足。事实上，即使杰基的论文最终没有取得好成绩，她仍然会认为这是一段宝贵的学习经历[2]。

说到内在激励和外在激励的区别，我们需要回顾一下第一章中皮珀的观点。第一章中讲过，皮珀认为，休闲使我们能够追求衣食住行之外的知识。他认为，不再追求知识的实用性或有用性后，我们会获得"为了知识而追求知识"的自由；不再考虑实用性或有用性后，博雅教育才能自由发展。如果我们遵循皮珀的理论，那么休闲对于内在激励必不可少。理想的大学应该提供这样的休闲时间——专门拿出一段时间，让学生可以专注于追求知识。刚入学的新生经常被告知，他们不需要马上决定选择什么专业，因为博雅教育的目的是为学生提供机会，在选择专业之前探索自己的兴趣所在。博雅教育为学生提供了一个学会学习的机会，即体验内在激励的含义，其目的在于希望学生选择一个能够发挥智力的专业，而不仅仅是为了就业。

然而，随着大学学费不断上涨，大学生们必然会担心他们的就业前景。他们背负着沉重的学生贷款，只有被迫选择他们认为能有助于找到高薪工作的课程和专业。于是，就业市场小的专业（尤其是人文学科）便不太可能吸引学生，即使他们觉得这个学科很有趣。当然，并不是说那些通常被认为实用（或者用皮珀的话来说，"工科"）的专业就不值得一学。学生们当然也可能对工科专业感兴趣，并从中找到提升智力的乐趣。学生们起初并不了解一门学科，却在后来越来越感兴趣，这样的事情并不少见。然而，"我能用这个专业做什么？"取代了"我能从这个专业学到什么？"以后，学生就更难有内在的学习动机了。考虑到当今高等教育的现状，皮珀所说的那种休闲（没有日常琐事）似乎更像是无知的特权阶级的幻想。

能自我激励的学生很可能会主动学习，因为他们觉得这个学科本身有价值。这对闲散学生意味着什么呢？鉴于闲散学生并不关心是否能充分发挥自己的学术潜力，他们很可能没有内部的学习动机。然而，即使闲散学生可能对出类拔萃不甚关心，他们仍然需要做得差不多，说得过去。因此，闲散学生更有可能受到外部激励。这些外部激励因素因人而异：某些人可能只是想通过考试；某些人可能是为了让父母开心。因此，如果成绩得 D 就能通过这门课程，那么前者就会给自己设置得 D 的目标。如果成绩得 B-才能让父母开心，那么闲散学生就会把目标分数设置成 B-。

你可能会想，为什么闲散学生也会那么在意能否通过一门课程或让父母开心呢？闲散学生为什么不干脆退学呢？尽管闲散的人常常与辍学挂钩（比如《疯狂店员》中的丹蒂），但我认为这里的讨论最好不要把辍学者包含在内。一方面，一旦一个学生退学，他们就不再是一个学术闲散者了，只是一个曾经是学生的普通闲散者，而在这一章中，我重点要讨论的是学术环境中的闲散者。另一方面，想要达到可持续闲散的目的，就有必要做一些工作。回顾一下，《上班一条虫》中，闲散者主角彼得告诉我们，他之所以有动力工作，只是因为他不想被老板找麻烦或被解雇。彼得明白，要想做一个可持续闲散者，他需要对自己可以懒到什么程度心中有数。如果他没能完成工作，他就会引起别人的注意，那样他要负责的工作势必会越来越多。对于闲散学生来说也是如此。闲散学生挂了科，父母就更有可能干预；如果只是成绩不太理想，父母就不太可能插手了。所以，一个想安安静静地闲散下去的学生不能做得太过。

辍学对闲散学生并无好处。假设一个闲散学生所有课程都不及格，最终辍学，他下一步会做什么？除非这个闲散者本身很富有，否则他就必须找一份工作养活自己，并偿还学生贷款。也许这个辍学的闲散者足够幸运，找到了一份钱多事少的工作，他可以继续闲散。但更有可能的情况是，由于没有大学学位，他在就业方面的选择受限。他甚至更可能最终会做一份标准的朝九晚五的工作，这意味着每周至少工作40小时。相比之下，大学生一个学期的课程量通常是4～5门课，即每周大约12～15个课时。假设闲散学生每课时多花 1 小时来学习③，作为一名学生，需要投入的时间仍然只有 24～30 小时。所以，即使按照最多的学习时间来算，闲散学生也比辍学生每周少工作 10 小时。换句话说，闲散者一旦进入职场，他们极有可能比学生时期干更多的活。因此，要想做一个可持续闲散者，他（没有信托基金或不能保证找到一份钱多事少的神仙工作）最好得过且过混日子，而不是辍学。

闲散学生会造成危害吗？

既然"60 分万岁"，那么为什么闲散学生，尤其是大学生，会这么焦虑呢？为什么人们要在意一些学生是否尽力了呢？答案可能在于做一个闲散者不仅会影响这名学生，还会影响他们身边的人。闲散学生的父母有理由关心他们孩子的未来。毕竟，如果闲散学生辍学，他们会回到父母家的地下室④。如果父母支付学费或与子女共同还学生贷款，那么他们也有理由关心他们的投资回报。对于那些靠父母养活的闲散学生来说，他们不努力不仅会令父母失望，还可能会对父母的物质生活产生非常大的影响。

闲散学生对他人的影响可能体现在使大学学位贬值。假设有两个同专业的大四学生——一个学生的平均学分绩点是 4.0，另一个学生毕业时的平均学分绩点只有 1.7。虽然他们的平均学分绩点差距巨大，但他们却在同一所大学获得了相同的学位。只要这个闲散学生的平均学分绩点达到了毕业要求，他就算合格。他确实符合毕业要求。然而，对于那些平均学分绩点是4.0的学生来说，他们觉得那些闲散者使自己的学位"贬值"了，这似乎也不无道理。我们考虑一下下面的情况：学生们都知道一位教授的课很容易得A；比起从这个教授那里得到A的成绩，从另一个给分很严格的教授那里得到A的成绩，其含金量更高。一个勤奋学生很可能更喜欢上一门很难拿A的课，因为他想让自己的成绩具备更高的含金量。教授过于慷慨地给A，实际上是贬低了A的价值。同样的道理，一个闲散学生只要做得还可以就能毕业，则会使大学学位贬值。如果有人问平均学分绩点4.0的学生和闲散学生，他们在哪里获得的学位，专业是什么，结果回答是一样的。如果不考虑那些细则（比如平均学分绩点），那么这两个学生的学历和资格实际上是一样的。因此，不难理解为什么平均学分绩点4.0的学生会感到不公平。

对闲散者的另一种常见的指责是，闲散者对社会没有贡献，或者是白吃白占的寄生虫。确实可能会有这样的闲散学生。我们很多人都知道，有些学生没有参与小组项目，却大胆地在小组报告上署上自己的名字。闲散学生就像寄生虫一样，剥削他人的劳动，损害他人的利益，不厚道地把不属于自己的功劳据为己有。

关于寄生型闲散者，我在第五章会详细介绍。就目前而言，我只想指出并不是所有闲散者都是寄生虫。那些满足于成绩得 D 的学生，即使他们不给别人带来负担，不占别人的便宜，也属于闲散者。此外，我也很难理解，为什么成绩得 A 就被认为是对社会有贡献。把学生的微积分作业称为对我们集体知识的"贡献"，似乎有些言过其实。那么作为学生，他们应该做出什么贡献，创造什么成果？在资本主义制度下，生产力或所做的贡献通常用经济指标来衡量。但做学生是没有报酬的——至少不像传统意义上的工作一样能用自己的劳动换取金钱。一些学生可能会获得奖学金，但他们要保证达到一定的平均学分绩点，才能确保得到这笔钱。而且即使是得奖学金的学生，他们所付出的努力也不是劳务所得。大多数情况下，拿奖学金的学生需要保持一定的平均学分绩点，这样他们就"配得上"获得奖学金的荣誉，不过他们并没有向他们的赞助人提供服务来换取报酬。

考虑到学生们不需要为他们的"工作"提供服务或产品，他们的劳动也没有传统意义上的报酬，闲散学生是一种相当独特的闲散者。这就是为什么我认为闲散者的定义是那些没有发挥潜力的人，而不是那些不负责任、没有完成自己本职工作的人。诚然，所付出的贡献或生产力并不能完全以经济指标来衡量，新的发现或新的思维方式也有利于扩充知识体系。学生也可能像教授一样，发现新知识。但在大多数情况下，学生可以说"正在接受训练"，正在研究各门学科的学习诀窍。我们不指望他们在作文课上写出巨著，也不指望他们在化学实验课上有突破性的发现。因此，我们对学生的期望与其说是消化所学的知识，不如说是实现他们的个人潜能。因此，闲散学生令人失望或烦恼的是他们没有想过自我提升。即使闲散学生没有吃白食，也没有把不属于自己的功劳占为己有，他们也仍然应该为自己做点什么。看来，闲散学生首先委屈的是自己，而不一定是他们身边的人。他们应该更好地认识到，自己有责任成就一番事业。不过，目前我只简要描述一下学术闲散者，到第六章我再进一步探讨关于他们自我完善的观点。

闲散教授

另一类学术闲散者是闲散教授。与学生不同，教授有薪水，而且有丰富的知识储备。事实上，人们非常希望教授能够传授知识、生产知识。尽管人们对学生和对教授的期望不同，我认为，闲散教授仍具备闲散学生的典型特征。也就是说，闲散教授之所以是闲散者，与其说是由于他们失职，不如说是由于他们缺乏超越自我的动力。

非学术界的人常常认为，大学教授的生活闲适安逸，十分闲散。一方面，如非十分必要，获得终身教职的教授都不会被撤销教职，有了终身教职就有了工作保障，所以终身教职制度似乎特别有助于培养闲散教授。一旦获得终身教职，教授们就不再有任何顾虑了。一些人完全放弃了学术研究，而另一些人则身在其职不谋其务，教学敷衍，对学校也不负责任。

另一方面，即使还没有获得终身教职，教授们的工作时间似乎也短得超乎寻常。假设一个教授每年教2个学期，每个学期16周，他们一年只教32周。虽然教学工作量因人而异，但大学教授每周上课时长一般都在9~15个小时。许多教授根据课程安排每周只来校上2~3次课，实际上等于每周都有一个长周末。其实，政客们已经利用闲散教授给人的刻板印象来抨击高等教育了。2015年，威斯康星州州长斯科特·沃克（Scott Walker）提议削减3亿美元的高等教育预算，理由之一正是基于闲散教授给人的刻板印象。他批评大学教授，说他们"应该开始考虑教授更多的课程，做更多的工作"。

对于那些不熟悉学术界的人来说，比如沃克州长这个大学都没读完的人，他们认为教授们懒懒散散，领着高薪悠闲度日，这也情有可原。可那些理应更了解实际情况的人，也在宣扬闲散教授给人的刻板印象，这就十分不应该了。戴维·C.利维（David C. Levy）长期以来一直担任大学管理人员，他写了一篇名为"大学教授工作够努力吗？"（*Do College Professor Work Hard Enough?*）的评论文章，文中写到，大学教授拿着和"中产阶级的专业人士"一样多的薪水，工作时间却短得多。利维认为，大学的开销越来越大，要解决这个问题，方法不是投入更多的公共资金，而是改革"过时的聘用政策。那些授课不足的教学人员因为这种政策拿到了过多的薪水"。

当然，究其本质，那些对闲散教授的刻板印象深信不疑的人，要么孤陋寡闻，要么在故意误导别人。首先，虽然确实有一些教授在获得终身教职后就开始优哉游哉地"混日子"，但他们并不能代表所有教授。每个行业都有人知道如何"钻制度的空子"。闲散教授的存在只能说明，即使是高等院校也不是一方净土。但要知道，也有很多获得终身教职的教授仍然工作勤勉、硕果累累。其次，教授们确实每周上课的时间不足40个小时，但他们在课堂之外做了大量的工作。教授必须备课、批改论文和试卷、指导和辅导学生，并承担学校的其他工作，同时还要积极从事学术研究⑤。简而言之，虽然教授工作稳定，工作时间灵活，但并不像看上去那么轻松自在。

除了教授们工作时间不规律，给人一种不大工作的错误印象之外，还有一个因素导致人们对闲散学者的刻板印象挥之不去，即他们有大把自由的时间。具有讽刺意味的是，自由作为学术追求的核心，无意中强化了这个刻板印象。回顾一下皮珀的观点，在他看来，休闲为我们提供了"为了知识而追求知识"的机会。（或者用现在的话说，有了学习的内在动力。）皮珀所说的"休闲"不仅指自由时间，还指从日常生活琐事中脱身的自由。毕竟，如果一个人要为下个月的房租或出了故障的汽车操心，就很难有精力去读苏格拉底或莎士比亚。皮珀指出了对琐事的忧虑和"为了知识而追求知识"之间的不相容性，这一点非常正确。然而，这个田园诗般的学术世界也有其另一面，悠闲的教授们毕生都在研究似乎与普通世界相去甚远的事物。笛卡尔独自坐在火边沉思自己的存在，这一不朽形象让人觉得他是一个纸上谈兵的学者。事实上，对学者（尤其是人文学科的学者）的普遍指责是，他们生活在象牙塔里，远离现实世界所关注的问题。对许多人来说，学者们会进行深奥的辩论，在他们的文章中运用高超的写作技巧，而且通常不在意非专业人士是否了解他们的工作。出于这些原因，对非学术界人士来说，知识的产生或思想的交流似乎并不总是显而易见的。

就拿哲学来说吧。哲学教授到底是做什么的？哲学家所创造的是什么？在大学里，哲学教授上课，所以他们提供或生产的是教学服务。但他们还能做什么呢？他们出书，评论期刊文章，在会议上做报告，等等。虽然大多数哲学老师相信自己的工作很重要，但对于非学术界的人而言，哲学家们就如何理解海德格尔（Heidegger）的《存在与时间》（*Being and Time*）中某一特定段落进行了一番晦涩的争论，他们很难理解这样的哲学争论有什么意义。这也是可以理解的。这样不联系实际或不关注实用性的研究，反过来又强化了闲散教授给人的印象。哲学家可能笔耕不辍、著作等身，但在学术界以外的人看来，多产未必意味着硕果累累（从意义或功能的角度来说）。所有这些并不是说深奥的学术研究没有价值，也不是说教授的工作要取悦大众。我在这里提供的是一种诊断——闲散教授给人的刻板印象挥之不去是有原因的。

由于人们对闲散教授的刻板印象极其糟糕，我在学术界的许多同事都说自己闲散，这就相当具有讽刺意味了。还记得吗？我在第二章介绍了自我鞭笞型伪闲散者。我的许多同事简历相当出彩，可都认为自己闲散，他们都属于自我鞭笞型闲散教授。他们并非不真诚，只是真的成就感很低。他们知道自己本可以在寒假写一篇文章，但却选择了在网飞上追剧。然而我之前也说过了，这些成就卓越的教授可能没有把任务清单上的每一项都完成，但他们对自己的学术成就远非漠不关心[⑥]。事实上，他们之所以焦虑正是因为太在意学术成就。他们为自己的"懒惰"感到烦恼，这一事实表明，他们并不是自己声称（或害怕）的那种闲散者。

那么什么样的教授算是闲散教授呢？也许我们可以先说说那些吃白食的教授。小组项目中会有吃白食的学生，合作项目中当然也会有吃白食的教授。虽然人文学科的著作仍是独著居多，但对其他许多学科（特别是自然科学和社会科学）来说，多作者合著已经成了司空见惯的事情。这中间就产生了作者署名的问题。期刊文章的署名顺序应该反映每个作者的贡献程度，从而使作者得到相应的认可。毕竟，倘若对项目做出重大贡献的人与做了最少工作的人获得了同等的认可，似乎是不公平的。然而，要商定作者的署名顺序并不总是那么容易[⑦]。一位作者整理了数据，另一位作者提出了方法，谁的名字应该放在前面？一位作者构想了项目并设计了实验；另一位作者写了论文的大部分内容，谁的贡献更大？第一作者通常是项目的主要负责人，但比方说第五和第六作者之间的区别并不明显，很难分出个先后[⑧]。

更糟糕的是，还出现了"酬庸作者"或"荣誉作者"——某人对发表论文没有做出实质性（或任何）贡献，却也署上了名。有时，一个"荣誉"作者甚至可能直到出版才知道自己是"酬庸"作者，所以"吃白食"的学者也不一定有错。为了解决作者署名不当的问题，许多期刊现在要求详细说明每个合著者对提交的论文的贡献。一些期刊甚至给出了具体的作者标准，以防止出现署名不当的现象[⑨]。

除了做研究时吃白食，闲散教授还会在其他方面偷懒，比如上课迟到、不返作业、不讲课而是播放油管（YouTube）上的视频、因为一些无关紧要的原因取消课程、缺席系里或其他委员会会议等[⑩]。然而，我认为理解闲散教授最好的方法不是列举他们的不良行为，因为我认为他们的不良行为只是他们闲散的症状。就像闲散学生一样，闲散教授努力做到"刚刚好"，他们只想得过且过。因此，闲散教授的典型特征是，对于发挥自己的学术潜力，他们缺乏动力。他们本可以成为一名更优秀的学者，但他们宁愿混日子。

对于闲散学生来说，达到最低的合格平均学分绩点，拿到毕业证，就是"刚刚好"。对闲散教授来说，"刚刚好"则意味着获得终身教职。我们知道，终身教授的职责通常分为三个方面：研究、教学和服务。如果发表3篇文章就可以获得终身教职，那么闲散教授就不会花心思发表（或撰写）第四篇文章。如果在两个委员会任职就足以满足任职要求，那么闲散教授就不会自愿担任第三个委员会的职务。如果上课是唯一明确的职责，那么闲散教授就不会费心在课堂之外辅导或指导学生。最后，只要他们的工作单位还说得过去，闲散教授就不会有另谋高就的打算。毕竟，申请工作是一项艰巨的任务！

这就需要再谈谈内在激励和外在激励的区别了。闲散教授受到的激励通常是外在的：他们会按照研究议程工作，因为这是获得终身教职的必要条件；他们的课要教得还可以，因为他们需要得到一些像样的教学评估；他们参加校园活动，因为他们需要被身居要职的人看到。发表论文、演讲或去看学生的戏剧演出本身并不是目的，大多数情况下，这些只是闲散教授要完成的待办事项。就像闲散学生对自己的学习成绩不上心一样，闲散教授不把成为一个学者或教授视为他们的使命。他们成为教授可能只是因为想走一条阻力最小的道路。或者，他们可能曾经对自己的专业或学科充满激情，但现在变得愤世嫉俗，感到厌倦。不管他们的闲散是如何开始的，闲散教授都觉得他们所做的事情没有什么内在价值。

闲散教授会造成伤害吗？

为什么我们不喜欢闲散教授？仅仅是因为闲散教授没有做好他们的工作吗？如前所述，与闲散学生不同，教授的服务的确是有报酬的。教授的职责包括研究、教学和服务。如果闲散教授上的课不合格，那他就是对学生不负责；如果他不尽自己的一份力，那他也是对同事和学校不负责。但同样，不负责任只是成为闲散教授的基本条件，而不是必要条件。事实上，大多数闲散教授不能过于不负责任，因为不做好自己的工作不利于成为闲散教授。我们知道，做一点工作（不多不少的工作）对于可持续闲散是必要的。闲散学生必须做足够的功课，保证不挂科，还要保持平均学分绩点不会太低。如果做不到这一点，他们就有可能受到父母的干涉。同样，如果闲散教授过于不负责任，他们就有可能受到系主任的审查，而他们的学生和同事可能已经对他们提出了投诉。因此，至少从战略上看，闲散教授不可能过于不负责任。

如果像我说的那样，做一个闲散的人意味着做"不多不少"的工作，而闲散教授并不一定是个不负责任的老师或同事，那我们为什么还要被他们所困扰呢？倘若闲散教授仍在履行诺言，正常授课，我们为什么要为他们漫不经心的态度而烦恼呢？我们哀叹闲散学生错过了主动学习的机会，断送了大好前途。而对于闲散教授，他们做的研究和发表的文章很少，我们惋惜他们浪费了自己探索知识的潜能。但我认为，大学教育工作者这个职业有其独特之处，让闲散教授尤其令人烦恼。

首先，社会期望教育工作者树立好的榜样。教授应该以身作则，"催人奋进"。［一位关爱学生的优秀教授甚至可能改变学生的一生。《死亡诗社》（*Dead Poets Society*）中的基廷（Keating）教授就是一个很好的例子。］大量教授对动机性学习进行了广泛研究，提出了不少针对如何正确激励学生的教学建议。教授不能仅仅用胡萝卜加大棒来激励学生，而应该采用正确的方式——帮助他们认识到学习的价值，认识到学习不仅仅是为了获得一个好成绩或其他外在的认可。如果人们期望教授们能激励学生，督促他们奋进，那么问题就出现了：闲散教授甚至不能意识到自己教学的内在价值，又怎么能证明学习的内在价值呢？闲散教授对自己的工作都缺乏热情，又怎么能激励学生呢？闲散教授漫不经心的态度似乎与教育界流行的动机性学习模式格格不入。事实上，如果学生在一定程度上通过模仿来学习，那么一个努力做到"刚刚好"的闲散教授就是一个不好的表率。即使闲散教授说得头头是道，他们漫不经心的态度和行为可能比他们的语言更有说服力。

其次，我们可能会因为觉得不公平而讨厌闲散教授。就像我前面所说的，如果得过且过的闲散学生与平均学分绩点 4.0 的学生获得了同样的学位，后者可能会觉得他们的学位贬值了。闲散教授和想要得到晋升的教授之间也存在同样的情况。假设两名资历较浅的教授要申请同一所大学的终身教职资格，可他们一个积极进取，一个懒懒散散。积极进取的教授会超额完成任务：发表的文章比要求的多，参加的委员会比预期的多，指导的学生比其他同事的多。而闲散教授做的绝对是获得终身教职所需的最低要求。不难想象，如果两人都获得了终身教职，这位积极进取的教授可能会感到愤愤不平。可是与其说闲散教授不配获得终身教职，不如说尽管积极进取的教授显然做了更多的工作，但是两人得到的奖励是一样的（毕竟闲散教授做了该做的事）。两人的劳动和成就存在差距，得到同样的荣誉和薪水似乎不太公平。

再次，有时行好事会招致恶果。越是积极进取的人，就会被分到越多的工作，他们的努力可能会以最糟糕的方式得到"认可"。其他同事在需要帮忙的时候，自然都会想到积极进取的教授。学生们也更愿意向这位积极进取的教授求教。与此同时，因为做事"低调"，闲散教授更可能得以避免不必要的工作。虽然赢得别人的好感可能有好处（一些积极进取的人甚至乐于获得别人的好感），但是两类教授的工作量不同，这是一个不争的事实。积极进取的教授既能干又乐于助人，可能会发现自己总是忙于委员会或指导工作，而闲散教授则会因为什么都不做而被分配到较少的工作。当然，有人可能会说，积极进取的人可以婉言拒绝那些额外的工作。话虽如此，但积极进取的教授大多时候仍然难以拒绝同事和学生的请求，若真的拒绝了，还会因为不得不让他们失望而产生负罪感。

在闲散教授的职位本应该由更有资格的人来担任的时候，我们也会产生不公正的感受。学者找工作本就不容易，所以对于那些愿意潜心研究某一领域、为研究机构做贡献的失业学者来说，闲散教授尤其让人愤怒。既勤奋又有成果的学者还在辛辛苦苦担任着临时教职，而闲散教授却早已获得终身教职，享受悠然自得的生活，这似乎尤其不公平。

最后，还有一个"一损俱损"的问题。我已在前文中说过，大学教授早已有了"工作少、薪水高"的名声。闲散教授似乎在抹黑他们的学术同行，因为他们深化了人们对这一职业的刻板印象，不闲散的人却想淡化这样的印象。闲散教授是"害群之马"，然而人们仍然认为他们是该行业的代表。他们是学术界的"污点"。经常有人利用闲散教授给人的刻板印象，找理由为大学削减预算，因此，说闲散教授正在威胁高等教育的未来也并不为过。

那么，我们该怎么办呢？对一个教授来说，得过且过真的就是做得还不够吗？闲散教授造成了如此多的不公平现象，做一个闲散教授真的就不好吗？在接下来的两章中，我们要讨论这些问题。

闲散一些也无可厚非

第五章

闲散是道德败坏吗?

我在第四章介绍了两类学术闲散者，即闲散的学生和教授。我列举了一些学术界反对闲散的理由，但没有为他们辩护。因此，我会在本章和下一章为闲散者辩护，回应一些认为闲散者有罪的常见指控。本章将重点讨论第三方伤害，即闲散者可能对别人造成的伤害。我们将讨论与第三方伤害相关的3个反对理由：第一，闲散者利用别人（吃白食）；第二，闲散者"钻制度的空子"；第三，闲散者会给他人造成情绪上的困扰。

闲散者吃白食

对闲散者的一种批评是，闲散者是寄生虫，只知道吃白食，而吃白食的人会给别人增加不必要的负担。例如，闲散学生拒绝在小组项目中做自己该做的工作，其他人不得不多做许多额外的事情；或者闲散学生辍学，会让父母背负巨额债务。也许吃白食的闲散者特别令人恼火，主要还是在于他们冷漠的态度。他们似乎完全不关心身边的人，无论是小组成员还是父母。

诚然，我们很难为一个不关心他人的寄生型闲散者辩护。这样的人仅仅因为自己不能照顾自己，就给别人添了许多麻烦，这当然是不好的。然而，所有闲散者都吃白食吗？闲散者都是寄生虫吗？第四章中已经讲过，那些从不多做事情、得过且过的学生或教授，他们没有占任何人的便宜，也被认为是闲散者。如果坚持把闲散者定义为白吃白喝的寄生虫，那闲散者的范围未免过于狭窄，那些只做分内之事、不思进取的闲散学生和闲散教授可能会被排除在外。如果闲散者必须是吃白食的人，那《谋杀绿脚趾》中的"督爷"就不算闲散者了，可他是典型的好莱坞式闲散者。我们可以回顾第三章，"督爷"的闲散体现在他对周围世界的冷漠态度，而不是体现在吃白食上。"督爷"并没有请求大勒保斯基的施舍，他想要的只是一块地毯，来换掉被"暴徒"弄脏的那块。事实上，这部电影的大部分内容都围绕着"督爷"试图完成交付赎金的任务展开。不出意料地，他失败了，但主要是由于他朋友的干涉，而不是他没有尝试。由此可见，把"督爷"描述成不负责任、吃白食的人或寄生虫似乎不太准确。他其实是个压根不想出人头地的闲散者。

对闲散者的另一种批评是，闲散者不负责任。闲散者不在乎是否完成任务，所以他们没有动力去做他们的工作。例如，不关心学习成绩的闲散学生可能不会交作业，或者在参加小组项目后，他们会让其他学生收拾他们的烂摊子。然而，闲散的人缺乏抱负并不意味着他们不会按最低要求完成任务。许多人觉得他们的工作毫无意义，甚至令人厌恶，但他们仍然坚持完成工作。事实上，闲散者通常会为了避免别人的审查而敷衍了事，这对闲散者来说是一个实用的策略。《上班一条虫》里的彼得就说过，他只是应付差事，这样他的老板就不会再烦他了。同样，闲散学生更有可能交一份质量一般的论文，只是为了不挂科，省去重修的麻烦。他们还可能会完成自己的小组作业，这样就不必听别人的抱怨了。漠不关心并不一定是过错，积极热情也不一定意味着有责任心。过于关心自己的工作可能会引起焦虑。换句话说，对某项工作兴致高昂、满怀热情并不意味着你一定会完成这项工作。总之，我们完全可以相信有这样一个闲散者，他什么都不在乎，但仍然能做好自己的工作，而不会成为吃白食的人或给别人增加负担的人。

既然吃白食是闲散者的一个附带特征，而非本质特征，那么我们到底为什么反感寄生型闲散者呢？我们反感的真的是闲散吗？还是另有原因？为什么一个人不完成自己分内的工作会让我们觉得他道德败坏呢？你的闲散伙伴拒绝做他的那份工作，你们的工作量分配不均，这当然令人气愤。你的同事对自己分内的事情不够上心，你不得不去收拾他的烂摊子，这也令人恼火。但我认为在这两种情况中，真正令我们反感的是闲散者把别人的付出当作理所当然的事。因此，乍一看我们是反感闲散，可实际上是反感其他事情。

闲散者这种觉得理所当然的态度，可能就是许多人认为他们是"混蛋"的原因。哲学家亚伦·詹姆斯（Aaron James）写了一本书，名为《混蛋理论》（*Assholes: A Theory*），试图解开为什么我们这么多人被混蛋激怒的谜题。他认为，混蛋是指出于一种根深蒂固的权利意识而允许自己享受特权的人。混蛋认为，正常的规则对他不适用，因为他特殊——理应享受特殊待遇。比如，他可以插队或打断别人谈话。把犯了轻微过错的人称为混蛋似乎再合适不过了。相比之下，把犯下严重罪行的人称为混蛋似乎是远远不够的。在杂货店里插队的人是混蛋，实施种族灭绝的暴君则应该受到更严重的指责。因为一个混蛋所犯的罪行通常是轻微的，所以他们造成的不便也相对较小。因此，詹姆斯认为，真正让我们烦恼的不是我们必须排队多等3分钟，或者我们必须等下一个发言的机会。我们觉得讨厌的是，这个混蛋没有意识到我们和他在道德上是平等的。我们大多数人都认识到，遵守有合作精神的社会所必需的人际规范（例如守时、收拾自己的东西、在观看演出时关掉手机等）是很有必要的事情。我们认为，这些规则适用于正常情况下的每个人。然而，混蛋认为，他并不需要遵守别人遵守的规则，因为他与众不同。因此，他没有把别人当作与他道德水平相等的人。

我认为，按照詹姆斯的说法，闲散的同事或小组成员让我们烦恼，并不是因为他们的闲散让我们不得不承担额外的工作（当然，我们可能会觉得额外的工作是个沉重的负担），而是闲散者认为什么都理所当然——他们没有意识到我们在道德上和他们是平等的。当我们被迫去收拾他们的烂摊子时，我们感到被利用了。我们介意的是他们让我们觉得不公正，我们要抗议的正是这种不公正。然而，如果是这样的话，那么让我们烦恼的是寄生型闲散者寄生的一面，而不是闲散。

闲散者"钻制度的空子"

在第四章，我举例说明了平均学分绩点4.0的学生和积极进取的教授的情况。当别人将他们和闲散的同伴混为一谈时，他们可能会感到不公平。一名优秀的学生和一名专业素养平平的学生获得了同一所大学相同的学位。一位积极进取的教授获得了和不思进取的同事一样的晋升（终身职位）。在这两种情况下，积极进取的人都觉得他们那群闲散的同伴贬低了他们的成就；同时这两种情况也都存在工作量不平等的问题。也许人们讨厌闲散的原因就在于此。闲散者不是吃白食的寄生虫，但他们凭借少量的付出，获得了和努力上进的人同样的认可。

诚然，工作量不平等也让我觉得不公平。我同意积极进取的人比闲散的人更应该得到认可。积极进取的人觉得自己的成就因闲散的人而打折，也是可以理解的。然而，我们应该把工作量不平等的问题归咎于闲散的人吗？这种不平等的根源在于制度，而不是个人。事实上，积极进取的人和闲散的人能得到同样的认可，这是因为制度有缺陷。对闲散的人进行指责属于模糊责任。举一个第四章中的例子：一位教授轻易给学生 A 的成绩。的确，如果教授严格一些，一些学生就不会得 A，但这并不意味着学生们令 A 这个成绩贬值。相反，教授应该对"分数膨胀"负责，也应该对成绩贬值负责。那些本来拿不到 A 的学生是分数膨胀的受益者，我们最多可以说这样的学生实际上不配得 A 的成绩。但是，如果我们坚持认为是那些"不配得 A"的学生让成绩"贬值"，那我们就错怪他们了。

和那些"不配得 A"的学生一样，闲散学生和闲散教授无疑是制度的受益者。在这种制度下，一个人获得的认可与他的成就和努力并不总是成正比。尽管和学生不同的是，只要这个系统没有人为地降低标准来使闲散者合格，闲散教授就并非"不配"。只要闲散的人达到了成功的门槛，无论是毕业还是终身职位，他们都并非不配。他们不像那些积极进取的同龄人做得那么多，这是一个事实，但人们不应该因为这一点攻击他们。（我们将在第六章讨论没有完成他们可能完成的事情的问题。）事实上，即使在成功的门槛太低的情况下，即使我们认为所设定的标准宽松得令人尴尬，有问题的也是"门槛"或者"标准"本身，而不是闲散者。换句话说，闲散学者们暴露了而不是导致了学术界制度出现缺陷。

关于工作量不平等的另一个问题是，积极进取的教授通常会得到"认可"，从而会被分配更多的委员会和指导工作，而闲散教授得不到"认可"，"回报"则是工作量较少。（我指的是教师在完成必须要完成的工作之后，基于自己的本心自愿要做的事情。）工作量上的差距确实不公平。但是话说回来，我们必须小心，不要错怪他人。的确，闲散的人不像积极进取的人那样事务繁多。但是，与其责怪闲散的人没有承担责任，尤其是那些有能力进行推荐或分配任务的同事应该更多地认识到工作分配得有多不平等。例如，系主任应该密切关注每个教员对系里和整个大学的贡献，以平衡工作量。如果大学想从某个系找一位教师参加委员会或做讲座，该系的系主任应该首先考虑推荐闲散教员，而不是积极进取的教员。当然，闲散教授可能会拒绝这个请求，但至少他们会因为拒绝系主任和让同事失望而背上沉重的心理负担[①]。我们必须记住，闲散的同事并非不胜任工作或不负责任；他们只是不喜欢做分外的事情。然而，确保公平分配工作量这件事不应该由闲散者负责，而是应该由特定的人负责。

那么，许多不闲散的学者渴望得到终身教职，哪怕只是一份稳定的全职工作，这又怎么说呢？难道他们不比闲散教授更有资格获得教职吗？勤奋的学者在努力争取一个教职，而闲散教授做最少的工作，得过且过，这难道公平吗？我确实同意，这样的情况有些令人不快。那些工作更努力、更有资格的人的待遇远不如那些闲散的人，我们的正义感会因此受到伤害。然而，和上文所述的问题一样，闲散者暴露而不是导致了学术界的制度问题。这些制度问题包括：相对于学术就业市场的需求，博士培养过剩；作为高等教育的补充，管理者通过雇佣临时人员而不是终身教员来削减成本；事实上，招聘和终身教职的决定并不总是基于一个人的成就和贡献（而是一个人与部门文化的"契合度"）。就像我们的终身教职制度一样，我们的成就系统无法反映一个积极进取者和一个闲散者之间的差异，教师招聘也并不总是青睐最有成就或贡献最高的人。

许多实至名归的学者被冷落，这确实非常成问题。但这是因为作为学者的我们不关心他们的困境造成的，不是因为我们闲散教授造成的。一位积极进取的教授不感兴趣兼职同事所遭受的制度不公，这并不比一个只想得过且过的闲散教授高尚。从一个苦苦挣扎的兼职教师的角度来看，他们的同事（无论闲散与否）欠他们的不是多发表、多指导学生或多做一些大学委员会的工作而是同情、认可和切实的支持。闲散教授可能对自己的学术成就或晋升漠不关心，他们可能觉得没有必要加入另一个委员会或工作组，他们可能不会主动指导其他学生的论文。但没有任何迹象表明，闲散教授对他们的兼职同事没有同情心、认可或切实的支持。总之，实至名归的学者在努力找工作，而闲散教授却只是得过且过，这种现象确实不公平，但解决这种不公平问题的办法不是让闲散教授做更多的工作，或解雇他们，为更有资格的学者腾地方。与其把责任推给闲散教授，当务之急是解决这种现象的制度问题。

现在，我们来关注这样一个问题：闲散教授令人反感，是因为他们深化了闲散教授给人的刻板印象。对于闲散教授给人的印象，就像我在第四章中指出的那样，只是一种刻板印象。很多教授在获得终身教职多年以后，还在继续勤奋地发表文章、指导学生和提供学校服务。闲散教授深化刻板印象会对他们的职业产生不利影响吗？近年来，保守派利用这种刻板印象来攻击终身教职制度，或为削减高等教育预算寻找理由。他们把这种刻板印象与高等教育的未来联系在一起，让人感觉后果似乎格外严重。因此，我们可以想象，一位教授试图纠正人们对闲散学者的印象，结果他的同事却反而深化了这种印象，他该有多么沮丧。

在这种情况下，我同意闲散教授做得并不好。然而，迫使闲散教授改变他们的行事方式来"维护学术的好名声"，并不是一个充分的理由。事实上，我不认为任何一个团体有充分的理由迫使某个成员做出改变，来"维护团体的好名声"。例如，许多人对亚洲人的刻板印象是温顺、安静，以及"太聪明、太专注于学术、肤浅和缺乏个人技能"——这两者都导致了在美国担任领导和行政职位的亚洲人屈指可数。毫无疑问，有些亚洲人符合这些种族刻板印象。但是，我们是否应该强迫那些书呆子般、不善社交的亚洲人改变自己，就因为他们在深化一种有害的刻板印象？我们是否应该认为温顺、安静的亚洲人应该为他们在专业领域面临的困难负责呢？我认为不是。我们不应该追究个人的责任，而是应该解决这种

闲散一些也无可厚非

刻板印象导致亚洲人受到不公平对待的问题。纠正刻板印象不应该是个人的责任；我们需要的是重新思考怎样才能成为一个好的领导者，或者怎样才能成为一个有社交能力的人。同样，就闲散教授来说，他的责任并不是塑造一个更讨人喜欢的学者形象。我们需要质疑的是，我们给一个人贴上闲散者标签时，我们所做的假设以及闲散教授给人的刻板印象为何会被用来作为削减高等教育预算的理由。总之，闲散学者不应该仅仅因为他们可能会深化一种刻板印象而被迫改变他们的行事方式。

最后，值得注意的是，所谓"刚刚好"的工作在不同的机构，甚至不同的时代都是不同的。虽然这未必能证明闲散是正确的，但它确实表明，人们对闲散学者的看法是靠不住的。一所大学的闲散者很可能是另一所大学的积极进取者。每个机构都有自己的工作标准和文化，一所要求严格的大学的教授可能要比一所要求不那么严格的大学的教授发表更多的文章或教更多的课程。几十年前，学术界的就业市场还很繁荣，老一辈的学者可能不需要拥有任何出版物就能得到工作机会。现在的标准是，刚毕业的博士如果想获得面试机会，至少要有一部出版物（通常更多）。我们对"最低标准"的理解不是静止不变的，它随着文化和其中的个人而变化和发展。在学术界，"不发表，就淘汰"的文化偏爱有进取心的人。我们在学术界培养出有进取心的人越多，这种超高生产力文化就变得越常态化。

具有讽刺意味的是，这些有进取心的人甚至可能通过提高"刚刚好"的标准，在不经意间"造就"了闲散者（或人们对闲散者的刻板印象）。有进取心的人会通过两种方式提高标准或期望。其一，在一所大学里，大多数教员为了能获得终身教职，都会发表2～3篇文章，而一位教授如果能发表5篇文章，那就已经是出类拔萃了。只要多产的教授是异类，那些发表2～3篇文章的教授就不会被认为是闲散的人。但现在想象一下，大学雇用越来越多的有进取心的人，发表5篇或5篇以上的文章可能会成为新的常态，而只发表2～3篇文章的教授可能会被视为闲散者。其二，有进取心的人可能会改变期望，不仅是"最低标准"或"刚刚好"的标准，还会改变职业道德标准。在一个大多数教授都满足于仅仅满足最低要求的学校里，做得刚刚好就足够了。如果人人都闲散，那么就没有人是真正的闲散者。但假设这些有进取心的人现在已经达到了一个临界点，那么超越标准将成为新的标准。换句话说，它不再是"刚刚好"。当然，具有讽刺意味的是，当人人都积极进取时，超越就变成了新的"刚刚好"。

闲散者会给他人造成情绪上的困扰

假设有这样一种闲散者，凡事得过且过。他们从不做额外的工作，分配给他们什么任务，他们就执行什么任务。他们没有给其他人造成负担，那么他们的闲散还令人反感吗？闲散的人没有雄心壮志或成就不高，真正伤害的是谁？假设有一个闲散学生，他的信托基金足够支付学费和大学毕业后的生活费。这个闲散学生上大学主要是为了安抚他的父母——他选择了一个容易的专业，保证出勤率刚好达到最低要求，在做小组项目时他应该做的工作，学习成绩刚好能得到C。这个闲散学生愿意付出的努力都是最低限度的，他把其余的时间都花在喝酒和聚会上了。他对他所受的教育不感兴趣，也不关心大学毕业后能否找到好工作，毕竟他家境优渥。这个学生智力正常，经济条件可观，他可以请私人家教，买得起补充教材，他当然可以获得更好的成绩，但他就是毫不上心。

因为他有信托基金，目前还不清楚这个闲散学生给其他人造成了什么样的有形伤害（如果有的话）。有些学生需要父母帮忙偿还学生贷款，给父母造成经济压力，他没有。有些人可能会觉得他闲散的态度令人讨厌，认为他以自我为中心，但这是一种性格缺陷，也没有对其他人造成负担或伤害。还有人可能会觉得他的闲散是对资源的浪费，但不止他一个人，任何浪费自己财富的人都可以说是在浪费资源。可是，我们还是抛开物质上的伤害来思考吧，因为伤害不能完全用经济指标来衡量。

　　有人可能会说，即使闲散者没有给别人带来经济上的负担，但他们缺乏生活的方向，仍然会让别人感到痛苦，尤其是那些对他们的成功投入了期望的人。即使不需要偿还学生贷款，即使闲散学生大学毕业后不会住在父母的地下室，他仍然可能会给他身边的人造成精神上的伤害。例如，闲散学生的父母就算没有因为孩子满不在乎的态度而感到痛苦，也可能会因为孩子成绩不佳而失望。他们甚至会因为没有教育好子女而责备自己。换句话说，闲散者成就不高，很容易会让关心他的人压力重重、沮丧失落。然而，受伤害和被冤枉是不一样的。假设我告诉一个朋友，我对我们的友谊和他的道德品质的看法，真相可能残酷且伤人，但这并不意味着我冤枉了我的朋友。所以，这里的相关问题是闲散者造成的精神损害是否不公平。那个闲散的人没有做到最好，得罪他的父母了吗？成为失望和沮丧的源头就应该受到责备吗？在发挥自己潜力方面，闲散学生欠任何人，尤其是那些关心他的人吗？

　　举个例子，假设有一位天赋异禀的年轻艺术家，她获得了一项赫赫有名的美术奖学金。但是，为了追求体操方面的梦想，这位年轻的艺术家拒绝了这笔奖学金。就她对体操的追求而言，她的动力来自热情而不是天赋。几乎可以肯定，这个想成为体操运动员的人正在用前途光明的艺术事业换取平庸的体育事业。她的父母都是卓有成就的艺术家，希望自己的孩子能延续家庭传统。她放弃了非常好的机会，令他们感到非常失望，他们为自己的孩子可能会浪费非凡的艺术才华而苦恼不已。但对这对父母来说，最沉重的打击莫过于尽管他们的孩子天赋异禀，却似乎对绘画毫无兴趣。

就像上文中那个家境优渥的闲散者一样，这位想成为体操运动员的人也让她父母失望和沮丧。和他一样，这位想成为体操运动员的人很可能成就不高（与她作为艺术家所能取得的成就相比）。那么，我们是否应该像责备闲散的人那样，责备这位想成为体操运动员的人没有发挥自己的潜力呢？也许有些人会觉得她的决定很轻率；有些人会感到失望，因为我们失去了一位有才华的艺术家。但是，因为她没能在艺术方面发挥潜力，就说她欠她的父母，或者欠任何一个人，都是不恰当的。这位想成为体操运动员的人并没有让她的父母失望和痛苦，毕竟，所有的父母总是因为各种各样的原因对自己的孩子感到失望和苦恼。有些父母因为孩子没有每天给家里打电话而感到失望，有些父母因为孩子去野营而感到苦恼。孩子要为让父母失望或痛苦负责似乎是不合理的，或者至少让他们失望和沮丧本身并没有错——让他们失望和沮丧的，一定还有其他一些因素。

那么，这位想成为体操运动员的人和闲散者有什么不同呢？有人可能会说，她在努力，而闲散者却没有。有人可能会说，正是这种自我奋斗的意愿才使得二者截然不同。考虑到她致力于在体操方面有所成就，她在艺术上成就不高情有可原。她的艺术家父母可能会感到失望和沮丧，但他们不能责怪她不努力、不上进。相比之下，闲散者没有付出努力（只做最低限度的工作算不上努力）。正是由于缺乏努力，他的成就不高也就变得不可原谅了，而他给父母带来的情感负担也变得不可原谅。换句话说：虽然想成为体操运动员的人和闲散者都让别人失望，但前者的成就不高是合理的，而后者的成就不高则是不合理的。因此，我们可以原谅想成为体操运动员的人所造成的失望，但对于闲散者就不行了。

诚然，造成失望的原因很重要，可不遵守承诺让人失望和没有满足别人的虚荣心而让人失望是不同的。然而仅仅指出想成为体操运动员的人努力了，而闲散者没有，并不能解决这个问题。我们在这里试图解决的问题是，什么会让闲散者受到指责。我们想知道，与放弃有前途的职业而追求非职业驱动的兴趣相比，闲散导致的成就不高有什么特别糟糕的地方。我们想知道，当他们都让父母失望的时候，是什么让闲散者比想成为体操运动员的人更应该受到责备。

回想一下，闲散者的典型特征之一恰恰就是他们缺乏努力。根据定义，闲散就是不做（超过最低限度的）努力。说闲散的人因为不努力就应该受到责备，这是一种无意义的重复。它只是给定义换个说法，并伪装成一种解释。这就好比说窃贼因行窃而应受责备，刺客因杀人而应受责备一样。很明显，一个闲散的人不努力，但这并不能告诉我们为什么他们应该受到责备。为了避免重复解释，我们需要用一些"缺乏努力"以外的东西来解释为什么闲散不好。

迷恋"努力"

为什么仅仅因为想成为体操运动员的人付出了努力，我们就原谅她成就不高？尤其是当我们不期望付出会有回报的时候，我们这么重视努力就有些奇怪了。我们先来看一看闲散者和想成为体操运动员的人各自投资的回报。（这里的"投资"是指他们付出的努力；"回报"是指他们的成就。）闲散者投资不足，回报也不足；而想成为体操运动员的人的成就（或者说没有成就）与她投入的努力不成正比。说到底，她并不是一个优秀的体操运动员。所以，这名体操运动员是在

"浪费"她的时间和精力，而她的努力只能获得极小的成功。与体操运动员不同的是，闲散者只需要付出最少的努力就能获得更好的投资回报。一开始就没有期望，所以也不会感到失望，而且因为闲散者没有花费任何时间或精力，所以也不会"浪费"任何时间或精力。

想成为体操运动员的人满怀激情追求梦想，她可能会在追求梦想的过程中收获乐趣，但可能不会获得值得一提的成就。然而，我们常把"努力"看作一种责任，即便努力也无济于事，或当事人并不愉快。我们认为努力是有内在价值的。想象一下，一对处于离婚边缘的夫妇决定去做婚姻咨询，尽管他们讨厌咨询，并且认为这种努力没有什么意义，他们还是想要"努力一下"。这样一来，他们就可以心安理得地说，他们已经尽了一切努力来挽救婚姻。再想象一下，一个身患绝症的病人愿意接受痛苦的实验性治疗，即使治好的机会并不大。患者自己可能甚至不想接受治疗，但他们仍然想向家人展示他们正在努力。

说到自我完善，其利害关系可能不像弥补婚姻、维持生命或反抗极权政权那么大。这些例子意在说明我们如何将努力本身视为有价值的东西。我们中有些人甚至会认为努力是一种责任，这反映了我们的工作态度：在我们的文化中，提高生产力的需求是如此地根深蒂固，以至于我们把功劳归于那些至少行动有成效的人（付出努力），即使他们的行动最终没有产生任何利润。我们重视努力，因为它表明了一个人对工作的投入，而这种投入源于我们文化中行动的首要原则。我们讨厌闲散者，不是因为他们失败了，而是因为他们的行为方式与一个富有成效的公民不一致。

我们如此看重"努力"的原因是什么？作为生产力文化核心的新教徒职业道德标准可能会再次提供一些启示。在"导读"部分，我们了解到，加尔文主义者认为，工作并不能使我们得救，因为我们单凭信念在神面前称义。我们得救，不是因为我们的善行"配得上"我们在天上的位置；我们得救完全是靠神的恩典。重要的是，虽然工作不是救赎的手段，但它仍然是我们对神充满信念的象征。越努力工作，我们的信念就越坚定。我们不知道是否被神所拣选，但我们必须表现得好像我们得救了。我们必须表现得像一个对自己得救有信心的人。换句话说，即使我们不确定是否能得救，我们也要努力向自己证明我们可以得救。因此，对努力的盲目崇拜很可能是加尔文主义职业道德标准的延伸，它继续激励着我们的超高生产力文化。对加尔文主义者来说，即使永远不能保证得救，努力工作也证明了我们对上帝的信心。对我们来说，即使不确定能得到回报，也要通过付出努力证明我们对生产力精神的忠诚。

149

努力很重要。接下来，我会在第六章中探讨伊曼努尔·康德的观点。这位哲学家认为，重要的是追求的过程，而不是达到完美。一项毫不费力的成就，无论多么令人印象深刻，也并不能证明使我们人类独一无二的理性本性。努力很重要，因为只有当我们投入工作时，我们的成就才变得有意义。我们会通过康德的观点再次思考存在与行为之间的关系：我们是谁，我们做什么。

第六章

如果人人都很闲散会怎样？

本章中，我会援引启蒙运动时期著名哲学家伊曼努尔·康德的观点，从另外一个角度探讨"吃白食"这个问题。下文会讲到，康德认为，人类是如此独特的生物，所以我们有义务自我培养。这意味着我们不应该满足于"刚刚好"的生活，而必须超越自我，发展技能，追求符合我们身份（理性存在）的目标。尽管这一章大部分都是关于康德的内容，但我撰写本章的目的并不在于阐释康德的思想。我在这一章中提到康德，原因有二：第一，我认为他提出的反对闲散的理由很有说服力，有助于解释为什么即便吃白食者不会给其他人带来不必要的负担，人们也仍然讨厌他们；第二，我们在第一章中介绍了几位哲学家的观点，他们崇尚休闲，认为休闲是更自主或更有尊严的生活方式。启蒙运动将生产力与主体性联系起来，而"反勤奋是存在主义自由的一种形式"这一观点，却完全与其相反，是对其的反抗。我们将在本章中看到，康德的观点明确地将存在和行为、"我们是谁"和"我们做什么"联系起来。借助他的观点，我们有望更好地理解为什么在一场关于闲散的辩论中，我们的"自我"概念岌岌可危。

回顾第五章，我主要关注的是，吃白食的人或寄生型闲散者是否强加给了别人不必要的负担，从而伤害了别人。我认为：1.闲散的人不一定是吃白食的人，因为吃白食只是闲散的一种附带特征，而非本质特征；2.即使闲散的人吃白食，也不一定会给别人造成负担（比如吃白食的学生可能有一笔数目可观的信托基金，可以负担自己的生活）；3.即使吃白食的人确实给人带来了不必要的负担，我们反对的也只是其中的特权意识，而不是闲散本身。

明确了这几点之后，我们来看看这个问题："如果人人都很闲散会怎样？"在我看来，这个问题的潜台词是，一个没人想要干一番成就的世界是不可取的。毕竟，我们生活中享受的大多数东西都是别人的劳动或才能的产物。我们的生活丰富多彩，很大程度上依赖于他人的聪明才智和辛勤劳动。因此，一个人人都是闲散者的世界，一个人人都得过且过的世界，并不是我们包括闲散者们所追求的世界。道理很简单。

假设你是一个闲散者，你对出人头地毫无兴趣，可这并不意味着你一无是处。毕竟，你还是要活下去的。然而，你是闲散者确实意味着你只满足于发展生存所必需的技能，而从不费心去做得更好。你学会了骑自行车，这样你就可以骑车去上班；你学会了煮泡面，这样你就不会饿死；你工作那点时间挣的钱只够你付房租和买泡面。但即使是像你这样的闲散者，也会更喜欢一个多姿多彩的世界，而不是一个单调乏味的世界。即使是像你这样的闲散者，也会想要在满足基本生存需求后，享受其他乐趣。假设你整天沉迷于网飞，喜欢一口气看完一整季电视节目，那就必须有人制作这些电视节目。换句话说，闲散者喜欢的多姿多彩的世界，是需要别人拥有过人的能力、多元的才能，才能建造出来的。但如果是这样的话，你坚持做一个闲散者，却希望别人不懈努力，这样崇尚闲散不是很虚伪吗？为什么你可以作为例外，享受别人的劳动成果而不做出任何贡献？

这正是"吃白食"问题的另一个角度。具体地说，我们反对闲散者，理由是他们没有对世界做出积极的贡献。闲散者不给别人带来不必要的负担是不够的，他们还必须努力让世界更加丰富多彩。换句话说，你不伤害别人是不够的；你也得让别人生活得更好。这种反对吃白食理由可以一直追溯到康德的著作。"如果人人都……会怎样"这样的问题与他的"普遍自然法则公式"（Formula of the Universal Law of Nature）有其相似之处。我们现在来看看康德是怎么说的。

在《道德形而上学的奠基》（*Groundwork for the Metaphysics of Morals*）一书中，康德提出了如下普遍自然法则公式："要只按照你同时认为也能成为普遍规律的准则去行动。"这里的"准则"就是行动计划。比如，如果我的邻居出城了，我会帮她喂猫。普遍自然法则公式应该帮助我们判断我们的行动计划是否被允许。其基本思想如下：在你行动之前，问问自己是否能将你的准则"普遍化"。如果每个人（每个理性存在）都采用你的准则，那会是什么样子？如果每个人都按照你的计划行事，会是什么样子？首先，我们必须确定是否可以想象一个这样的世界。如果你的行动计划普遍化之后，会削弱你想要执行的行动的可行性，那么一个每个人都像你一样行动的世界实际上是不可想象的。

康德举了一个例子：一个人为了摆脱困境而做出虚假的承诺；为了让虚假的承诺起作用，就需要有人相信他。然而，如果每个人都随自己的意愿，在某些时候做出虚假的承诺，那么做出承诺这件事本身就会变成一个笑话，因为再也没有人会相信任何人了。这个人当初想要达到的目的是让别人相信他虚假的承诺，可得到的结果与之完全相反。换句话说，一旦他将自己的准则普遍化，他就破坏了自己谎言的可行性。

因此，最初的行为原则（我将做出虚假承诺）实际上与这个原则被普遍化后的世界（一个完全不相信承诺的世界）是矛盾的。所以一个人人都信奉他的准则的世界，实际上是不可想象的；这反过来又告诉我们，做出虚假承诺的行为是不允许的。

那么，我们如何应用普遍自然法则公式思考闲散这一情况呢？好在康德谈过自我发展的问题。康德写道：

> 第三个（人）发现自己有一种才能，倘若多加培养，他就能实现各种目标。但他认为自己处境安逸，于是沉浸于喜悦。虽然拥有这样的天赋是一种幸运，可他不愿想办法让自己的自然禀赋有所长进。然而，他还是要问，这样做除了是玩物丧志，是否也算不负"责任"？然后他就明白了，他的本性可以成为普遍规律，但这样一来，人类（比如南海岛民）只会白白浪费自己的才能，只把生命用于闲散、娱乐、生育，总之，用于享受；然而，他不可能希望这成为普遍的自然法则，也不可能希望人类生出这样的自然本能。因为作为理性存在，他必然希望他的所有能力都得到发展，因为这些能力是有用的，并且是为了实现各种可能的目标而给予他的。

这里，康德再次要求我们应用普遍自然法则公式。你是一个闲散的人，但你有足够的理性问自己："如果人人都很闲散会怎样？如果没有人愿意发展自己的天赋或技能会怎样？"与做出虚假承诺的准则不同，一个没有人开发自己才能的世界至少是可以想象的。将闲散普遍化并没有任何矛盾之处，也不会破坏自己行为的可行性。只是我们的世界会变得无聊乏味，到处都是闲人。然而，根据康德的观点，故事还没有完。因为我们仍然要问："这是我理性上想要生活的世界吗？"

在上面引用的段落中，康德认为，作为理性存在，个人"必然希望他的所有能力都得到发展，因为这些能力是有用的，并且是为了实现各种可能的目标而给予他的"。但为什么会这样呢？这里的关键术语是"理性存在"。在康德看来，正是因为我们作为理性存在的独特本性，我们"必然会"培养我们的才能。要了解为什么会这样，我们可以看看另一段。康德在《道德形而上学》(*Metaphysics of Morals*)中写道：

> 人有责任培养（cultura❶）自己的自然力量（精神、灵魂和肉体的力量），作为达到各种可能目的的手段。人（作为理性存在）不要让自己闲着，不让自己的理性有朝

---

❶ 拉丁语意为培养。——译者注

一日可以利用的自然禀赋和能力无法被利用，好像生锈了一样……因为，作为一个有能力达到目的（使对象成为他的目的）的存在，他必须把自己能力的使用不单单归功于自然本能，还要归功于他借以决定其范围的自由。因此，人（为了各种目的）培养其能力，并不是考虑到培养所能提供的好处……相反，培养自己的能力（人们有不同的目的，所以培养的有些能力会比其他能力更强），并从实用的方面来看，成为一个与自己的生存目的相适合的人，这是道德实践理性的要求，也是人对自己的责任。

在康德看来，我们应该培养自己的能力，并不是因为它对我们有益。发展一个人的才能是一件道德的事情，更甚于是一件实际（或谨慎）的事情。当然，如果一个人不能发展自己的能力，那么他的生活就会变得相当困难，即使他从不反思或修正自己的目标。因此，一个人至少要培养一些才能，这才是保险的做法。（还记得吗？闲散的人并非一无是处。他们确实需要一些生存技能。）但在康德看来，发展我们天赋的责任完全与我们是什么样的生物有关。换句话说，存在和行为之间、"我们是谁"和"我们做什么"之间存在联系。

我们在"导读"部分讲过，亚里士多德认为，只有我们发挥人类独有的功能，即运用理性时，我们才能获得幸福。理性是我们特有的功能，正是这种功能使我们成为人类。因此，为了"有德"，为了过上符合我们身份的幸福生活，我们必须运用我们的理性。像亚里士多德（和许多其他哲学家）一样，康德认为，理性的能力是人类区别于其他动物的地方。作为理性存在，我们能够为自己设定目的（目标），而不是被我们的本能支配。更重要的是，我们是目标的设定者，这意味着我们拥有自由，这是非理性生物所没有的。在理性的帮助下，我们可以选择除了生存之外的人生目标。我们的人生目标不必局限于满足我们的自然需求。为了实现我们自己选择的目标，我们至少需要培养一些才能，这些才能超出了我们的基本生存需求。假设我的目标是成为一名脱口秀演员，为了实现这一目标，我必须培养相关的能力，如公共演讲和喜剧写作。重要的是，我有责任发展我的才能，不是出于工具性目的。比如有一个好职业，让我的父母感到骄傲，或者有能力支付我的房租。我努力发展我的才能，是想使自己成为想要成为的那种人。也就是说，成为一个有设定自己目标之自由的理性的生物。

想想上面一段中引用的"培养"一词。在康德看来，我们才能的完备必须通过"行为，而不仅仅是自然禀赋……"来获得。我们作为理性的目标设定者，需要努力和工作才能获得才能，而不是像中彩票一样，凭运气获得某种天赋。康德认为，如果一个人的天赋是简简单单从天而降的，那么将其作为一种责任培养是没有意义的。如果我们的才能已经达到顶峰，我们就感受不到自我发展的重任。例如，一个可以毫不费力地写出一段乐谱的天才作曲家并没有"责任"去完善自己。然而，由于我们大多数人都不是天才，自我提升就成了一种责任（我们对自己的责任）。这个过程强调的是完善，而不是完美。或者，如康德所言，我们的"责任是追求这种完美，但不是达到它"[①]（原文强调了这一点）。

我们已经兜了一大圈，来理解康德的主张：一个人"作为理性存在"，"必然希望他所有的能力都得到发展"。在康德看来，我们作为理性存在是否过着符合我们身份的生活，这决定了我们的价值。理性存在是目标设定者，可以在深思熟虑后选择自己想要的生活方式。这并不意味着理性存在总是能以他们想要的方式生活，不受环境的阻碍。然而，这确实意味着理性存在可以设定自己的目标，并一步步去实现（通常至少需要发展一些技能）。因此，鉴于我们是理性的生物，我们"必然"希望发展我们的能力，以追求我们为自己设定的目标。这既包括我们现在设定的目标，也包括我们可能为自己设定的未来目标（尽管我们更有可能专注于发展那些能够帮助我们实现当前目标的才能）。

介绍了康德的观点之后，我们再回顾一下第五章中提到的闲散者和想成为体操运动员的人。他们两个成就都不高，在父母眼里都是令人失望的人。然而不知为何，人们认为闲散者比想成为体操运动员的人更应该受到责备（如果她要受到责备的话）。我们对此简单提出过一种解释，即努力很重要。想要成为体操运动员的人成就不高情有可原，因为至少她努力要出人头地，而闲散者成就不高则说不过去，因为他根本没有付出任何努力。回想一下第五章，我曾说过，为了避免重复解释，我们需要用一些"缺乏努力"以外的原因来解释为什么闲散不好。康德的观点似乎就是其中之一。借用他的话说，这个想成为体操运动员的人的努力表明，她的生活符合她作为一个人的身份，她是一个目标制定者。然而，闲散者并没有达到他应有的水平——不仅因为他浪费了才华，还因为他没有选择生活目标。他愿意把他的"目标"（满足自然需求）当作给予他的东西，他是自己目标的被动接受者，不为自己的目标负责。

如此一来，对于为什么闲散者应受责备，我们至少有了一个新的解释。我们作为理性存在，可以自由地以一种不完全由我们的本能或环境决定的方式生活。我们的人生目标是我们可以选择和拥有的，而不是（自然或他人）赋予的。虽然闲散者可以很好地培养基本的生存技能，但他们并不关心培养超出基本生活需求或环境之外的技能。他们学习骑自行车是因为他们需要去上班；他们学会了如何煮泡面，因为要填饱肚子，这是最简单的方法。闲散者没能做出一番成就，是因为他们没有为自己设定目标。与理性的人为自己设定的目标相比，闲散者所获得的技能不值一提。因此，闲散者的错误在于，他们的生活方式使他们与动物无异，浪费了他们的理性。或者用康德的话来说，闲散者未能成为"与（他们）存在的目的相匹配"的人。

* * *

我们回到之前的一个话题，我们理性的闲散者运用普遍自然法则公式，问道："如果人人都很闲散会怎样？"纵然理性的闲散者能想象出一个人人都很闲散的世界，这样的世界也并不是闲散者理性上想要生活的那种世界（他们仍然更喜欢丰富多彩的世界，而不是单调乏味的世界）。那么，闲散者到底错在哪儿呢？一方面，我们被闲散者的虚伪所困扰。另一方面，我们被他们的特权意识所困扰，因为他们觉得分享别人的劳动成果而不提供任何回报是理所当然的事情。要回答这个问题，我们要再看看康德的《道德形而上学的奠基》。

继普遍自然法则公式之后，康德提出了"人性公式"

（Formula of Humanity），它是这样说的："你要这样行动，把不论是你的人格中的人性，还是任何其他人的人格中的人性，任何时候都同时用作目的，而绝不只是用作手段。"简单地说，人性公式禁止我们把任何理性存在，包括我们自己，仅仅当作一种工具。（康德认为，我们对自己也负有责任，我们有可能仅仅把自己当作一种工具来使用②。）理性存在不是仅仅为了工具性目的而存在的"事物"，我们要因他们的理性而对其表示尊重。因此，人性公式要求我们尊重每一个人，只要他们有自己的理性目的。这就解释了为什么做出虚假承诺不符合人性公式。一个人欺骗别人，那就只是把另一个理性存在当作达到自己目的的手段。假设你让你的朋友载你回家，并承诺下周你们一起出去时，你做司机。而你很清楚，你被吊销驾照，不能开车了。你这样的行为就是把朋友仅仅当作你达到目的（回家）的手段（司机）。

那么闲散呢？闲散者只是把别人当作手段吗？也许有人会说，闲散者把不必要的负担强加给别人，只是把别人当作一种手段（比如，一个30岁的男人拒绝找工作，在家啃老）。但是，如果闲散者不给别人带来不必要的负担，也一样不关心自己有什么作为呢？"只把别人当作一种手段"的指控似乎不适用于这些"自给自足"的闲散者。然而，我们绝不能忘记，闲散者也是理性存在。所以，这里更棘手的问题是，闲散者是否只是把自己当作一种手段，因为他没有致力于开发自己的才能。

要想厘清这个问题，其中一个思路是，闲散者满足于自然"分配"的目标（例如获得食物、生育），却没有设定任何超出此范围的目标，所以闲散者是在让他们的理性本性服从于一个纯粹的自然目标。从这个意义上来说，可以说闲散者只是把自己当作一种手段。这种对于闲散者的指责的确并不是特别直观。不过，康德的其他观点可能有助于我们理解。康德认为，"人性公式"除了禁止将理性存在工具化之外，还包含更多的内容。关于发展才能的责任，康德写道：

> "单是行为不与人格中作为目的的人性相冲突是不够的，它还必须与之相一致。人性有趋向更完美的禀赋，就我们主体中的人性而言属于自然目的；忽视这些禀赋，也许会与作为保护这一目的的人性相容，但却不能与促进这一目的的人性相容。"

换句话说，我们不能仅仅把一个人当作手段；我们还必须与人性"和谐相处"并"促进"其发展。所以，即使闲散者不仅仅把人当作手段，他们也仍然不能"促进"人性。也就是说，即使闲散者没有给别人带来不必要的负担，他们仍然有错，因为他们没有提供任何回报，而他们显然有能力做到这一点。

* * *

从这个方面来说，为闲散者辩护似乎希望不太大。一方面，闲散者的生活不符合他们的理性存在这一身份。他们本可以做出更大的成就，但他们选择只发展最基本的技能，以求得过且过。另一方面，闲散者虚伪、自私。他们明白，一个人人都闲散的世界并不是他们想要的世界，然而他们仍然在白白享受别人的努力和才华。如果我们遵循康德的普遍自然法则公式，闲散者的虚伪和自私就特别明显。毕竟，他们知道自己遵循的准则（不发展才能）并不适用于所有人。这样一来，闲散者实际上是在为自己破例。他们把自己当成一个特殊的人——他们能采用某种行事方式，别人却都不可以。既然如此，我们还有可能为这样一个自私、有失身份的人（或者像亚伦·詹姆斯所说的"混蛋"）辩护吗？

我们先说说指控闲散者自私的观点。总是索取从不给予的人确实很自私，我并不想为自私的人说话。然而，通常来说，闲散的人没有必要做一个自私的人。我们很多人都有这样的刻板印象：闲散的青少年只关心自己，对他人漠不关心。然而，我并没有说只有对他人漠不关心的人才是闲散者。事实上，我们完全可以想象，一个不关心自我发展的人在其他方面仍然慷慨。闲散的瘾君子可能整天无所事事，但如果他们年迈的邻居向他们请求帮助，他们也会很乐意伸出援手。闲散学生可能报了一个最容易的专业，拿到足够毕业的平均学分绩点就心满意足，但当他们的室友失业了，付不起房租时，这个闲散学生可能会毫不犹豫地帮室友交上这个月的房租。说到知识生产，闲散学者可能对研究和职业上的发展没有兴趣，他们可能会被认为吃白食。但是，闲散学者仍然可以成为体贴的导师或慷慨的同事。闲散者并不关心自己的个人发展或成就，但这并不妨碍他们关心他人的幸福。换句话说，闲散者可能"自私"到白白享受别人技能和天赋的成果，但不一定在生活中所有方面都自私。很可能也有无私或慷慨的闲散者，他们只是不在乎自己是否有所成就。

如果是这样的话，责怪闲散者自私也就不那么有说服力了。我们最多可以说，闲散者把自己视为例外，没有履行自我发展的责任。因此，在狭义和具体意义上，我们可以说闲散者自私，但从一般意义来说，他们不一定自私。毕竟，如果一个人关心别人的福祉多于个人的发展，我们真的可以说他自私吗？帮助室友的闲散学生没有和同学一起做哲学作业，我们可以仅仅因为这一点就说他们"自私"吗？看来，要想让这个指控成立，我们必须扩展自私的含义。肯定有一些闲散者，不仅从狭义上说是自私的人，他们从其他方面来看也是彻头彻尾的自私鬼。但也有一些积极进取的人，他们也自私自利，只是他们恰好关心自我完善。换句话说，就像特权意识一样，（一般意义上的）自私可能只是闲散者的一种附带特征，而不是本质特征。

接下来，我们再来说说关于闲散者虚伪的观点。假设我们一致认为，闲散者只是狭义上的自私，而整体上又是一个慷慨的人。然而，闲散者想让别人做自己不愿意做的事，这似乎仍然相当虚伪。我们前面看到，闲散者不愿意自己有所成就，可他们还是更喜欢生活在别人有所成就的世界。所以，即使闲散者不自私，他们可能仍然是虚伪的人。

我同意，一般来说，虚伪并不是一种优秀的品质。但闲散者的"虚伪"是否必然会促使他们改变自己的行事方式呢？我们思考下面这个例子。假设一个女人喜欢孩子。她认为，孩子给世界带来了快乐，一个人们愿意生儿育女的世界是更好的世界。我们假设这个女人具备了成为好母亲的所有必要品质：耐心、责任感、爱孩子等；她条件相当不错，经济上有足够的保障，抚养孩子对她来说并不是经济负担。然而，她不想要孩子，因为她也很看重自己工作时间的灵活性和下班回家后的私人时间。她愿意将自己对孩子的爱倾注在别人家的孩子身上。换句话说，她爱孩子，她不想生活在一个没有孩子的世界里；然而，她不愿意自己抚养孩子。她自己不愿意承担养育孩子的责任，但是她更喜欢一个别人努力养育孩子的世界——我们是否会因为这一点而说这个女人自私或虚伪？"你应该成为一个母亲。你应该生孩子，因为大家都不想生孩子的世界不是你想要的世界。"我们真的想对这个女人这样说吗？我不这样认为。

但是，如果我们不愿意强迫一个爱孩子的女人生孩子，也不愿谴责她，那么为什么我们要告诉闲散者们（他们更喜欢生活在没有闲散者的世界），他们应该有所作为呢？事实上，有些品质甚至可能无法普遍化。假设我们重视优秀的领导品质，我们也不想生活在一个没有人愿意成为领导者的世界里。接下来会发生什么？这是否意味着我们希望人人都培养领导能力？一个人人都培养自己领导能力的世界未必是理想的世界。如果每个人都想实践他们的领导技能，还有谁可以被领导？有人说："我不想当领导，我对培养领导技能不感兴趣。但我希望其他人能努力成为一个领导者。我希望别人去培养领导技能，因为我相信一个领导者做事效率高、富有同情心的社会更可取。"这样说似乎不无道理。那闲散者能给出类似的理由吗？"我不想成为有用的人，我对培养非必要的技能没有兴趣。但我希望其他人努力成为有用的人。我希望别人去培养自己的才能，因为我相信一个人人有才华的社会更可取。"闲散者会这么说吗？

接下来我们讨论关于闲散普遍化的最后一点。假设我们一致认为，没有人愿意生活在一个人人都很闲散的世界里——即使是闲散者自己也不例外。反闲散者根据这个假定的真理推断："（理性上）没有人支持闲散行为。"我一直在为这一说法进行辩护。然而，我相信，我们反对到处都是闲散者的世界，还有另一个原因。我们厌恶到处都是闲散者的世界，可能与闲散者无关。我们的厌恶可能只是对同质世界的厌恶，在这个世界里，每个人都出自同一个模子。一个人不希望世界上到处都是闲散者，只是因为他重视多样性——一个人不希望世界上到处都是同一种人。同一个人可能还会认为，一个所有人都积极进取的世界也不是他们想要的世界。换句话说，没有人愿意生活在一个到处都是闲散者的世界里，背后的原因可能更多地与缺乏多样性或过于千篇一律有关，而与闲散本身无关。

最后，我们来审视一下另一种观点，即认为闲散者过的生活不符合他们理性存在的身份。我们能说些什么来为这些"有失身份"的闲散者辩护呢？在《闲散的哲学》一书中，布莱恩·奥康纳对康德的观点提出了质疑——我们应该让自己配得上自己的身份。他想知道，怎样才能激励闲人（这里指的就是闲散者）改变他们的生活方式。他不相信懒人会突然有兴趣把他们的生活方式置于普遍自然法则的审视之下。一个闲人怎么会费心去问："如果人人都是闲人会如何呢？"他们以前对这个问题不感兴趣，现在怎么会感兴趣？只要闲人自得其乐，他们似乎就没有动力去质疑他们的生活方式。根据奥康纳的说法，康德在这里假设了两件事。首先，康德假设"他的闲人可以接受（他）喜欢的那种行动理由"。也就是说，康德假设闲人关心他们的准则的普遍性。其次，"他假设对于他会把自己变成一个什么样的人这一问题，闲人会觉得很有趣"。也就是说，康德认为闲人会担心他们的闲散会不会使他们的生活失去价值。

奥康纳在这里给出了一个有趣的策略。他没有为闲人的价值辩护，而是质疑价值的相关性。奥康纳没有争辩说，闲人实际上在某些意想不到的方面是有用的或有价值的，而是提醒我们，闲人甚至可能不在意我们的价值观。闲人之所以过着闲人的生活，不是因为他们接受了某种不同的价值观念（就像理查德·林克莱特的《都市浪人》中那些有原则的闲散者）。更确切地说，他们从未考虑过"价值"这件事。告诫闲人说他们的生活方式有失身份，就像警告一个素食主义者超市里的猪肉短缺，或者告诉一个小孩，如果他们现在不起床，他们就会错过新闻里的天气预报。闲人、素食者和孩子只会简单地回答："谁在乎呢？"所以奥康纳的策略并不是要我们去证明闲散者的价值，而是去挑战价值的重要性。只有当闲人一开始就关心自己的存在是否有价值时，认为他们的存在有失身份的指控才有意义。闲人对我们的超高生产力文化表达了最强烈的拒绝（尽管是无意的）。他们不是通过抗议，而是通过不去思考来拒绝③。

我们在第一章中看到，奥康纳对揭露和质疑启蒙运动的遗产，即"价值神话"，很感兴趣。该神话讲述了一个"令人振奋的故事，关于我们人类如何克服那些我们认为基于自然的人类倾向：越努力，结果就越令人印象深刻、越有价值"。那么，如果有人不认同"价值神话"呢？我们想想前面提到的那个闲散学生。假设我们现在告诉他："你应该活得有价值；你不应该把自己贬为畜生。"只有当这个闲散学生已经接受了这样的事实：有价值是一个值得追求的目标，或者我们的价值取决于我们对动物性的拒绝，甚至像动物一样生活是错误的或有辱人格的，这种要求才有意义。在这些假设不成立的情况下，闲散学生并不会因为我们要求他做一个有价值的人，就听从我们的意见。事实上，这种要求不就是让我们发挥潜能的另一种说法吗？我们虽然没有告诉闲散学生："你应该开发你的学术潜力，你不应该浪费你的才华。"而是告诉他们："你应该行使你的自由和理性权利，你不应该浪费你作为一个理性存在所被赋予的能力。"但是，为什么换一种说法以后闲散学生就会更有动力呢？如果闲散学生甚至无法被强迫去发挥学生的潜能，那么为什么他们会觉得有必要去发挥一个理性存在的潜能呢？闲散者质疑的恰恰是我们追求最好的冲动。

诚然，闲散者对过有价值的生活不感兴趣，这一事实并不一定证明他们的生活方式是正确的。毕竟，一个反社会人格的连环杀手可能也不关心受害者的感受，但这并不能为他们的反社会行为辩护。但我认为，奥康纳是想提醒我们，"我们应该做最好的自己"和"我们应该过有价值的生活"。这些所谓的老生常谈可能并不像我们认为的那样理所当然。当然，反闲散者或有进取心的人可能会抗议："怎么会有人不关心自己是否有用呢？怎么会有人不在乎自己是否有价值呢？"但对于闲散者来说，自我发展的价值恰恰不是他们认为理所当然的东西，价值的相关性恰恰是需要解决的问题。如果"足够好"（而不是"生产力最大化"）是我们默认的态度，会怎样？如果我们生活在一个不重视生产的世界里，会怎样？我们不但不应该把闲散者放在被告的位置上，反而或许应该仔细审视这种强迫人们"做最好的自己"的行为。或许证明这种行为的正当性的重担就落在了积极进取的人身上，他们要为自己积极进取的方式辩护，而不是让闲散的人为自己辩护。这些有进取心的人能在不诉诸某种模棱两可的价值观念的情

173

况下，捍卫自己的生活方式吗？他们能想象出这样一个世界，在这个世界里，有价值或有用并不是人们努力追求的理想吗？我无法回答这些问题。但幸运的是，我的任务是为闲散者而不是为积极进取者辩护，我也不会做超出我职责范围的事。

闲散一些也无可厚非

第七章

闲散者有身份危机吗？

想象一下，你去参加一个聚会。聚会的主人，也就是你的朋友，把你介绍给另一位客人："互相了解一下吧，我想你俩会合得来的！"你会怎么自我介绍？你会问你的新朋友什么样的问题呢？也许你会先问一些无关紧要的问题："你是哪里人？""你看过某热播电视剧吗？""你从哪儿买的那件夹克？"你最可能问的是："你做什么工作？"问别人做什么工作不仅仅是为了打破沉默，也是一种努力了解一个人的方法。我们问某人："你做什么工作？"其实是在问："你是哪类人？"

通过一个人的工作来了解他，这种社会习俗让我们想到了存在和行为、"我们是谁"和"我们做什么"之间的联系。我们在第六章中了解到，康德以我们的理性存在为基础，提出了一个反对闲散的论点。我们拥有理性这一人类特有的功能，所以我们有责任培养自己的才能——让自己有用。因此，不能成就自己就等于不能做自己。不管是不是符合康德的观点，许多人确实通过工作或成就来实现自我认同。我们喜欢用自己引以为傲的东西来介绍自己，而我们对自己的工作感到自豪。你可能会认为自己是数据分析师，是镇上做茶最好的人，是拥有博士学位的临床伦理学家，或者是疫情期间的重要工作人员。如果闲散者什么都不在乎，他们到底是谁？如果我们做了什么我们就是谁，那么如果闲散者什么都没有"做"，他们又是谁？所以，关于闲散的一个问题是，闲散者的个体特征岌岌可危。如果闲散者什么都不做，他们还会有独特的自我意识吗？

　　我们再说回聚会。和一个闲散者进行一次"互相了解"的对话会是什么感觉？如果一个人整天什么都不做，他有什么好"了解"的？可是客观地说，闲散者也不会整天坐在家里盯着墙发呆。我们在第六章中已经讲过闲散者并不是一无是处。毕竟，闲散者必须培养足够的基本生存技能才能活下来。只是，他们在满足眼前实际的需要之后，就不再培养更多的技能了。同样，闲散者也不是真的整天"无所事事"。因此，就算是问最懒的闲散者："你最近在忙些什么？"他仍然可以列举出各种各样的活动，如起床、煮咖啡、买菜、玩电子游戏、刷照片墙、从沙发走到冰箱前拿零食等。事实上，即使是《谋杀绿脚趾》里的"督爷"也必须自己买菜，自己制作白俄罗斯鸡尾酒。此外，一般的闲散者并不像这些闲散者（最懒的闲散者）这么极端。我们每天遇到的大多数闲散者可能都有一份工作，他们在其中投入最少的精力，比如《上班一条虫》里的彼得和《疯狂店员》里的丹蒂。如果有人问这些一般的闲散者："你是做什么工作的？"他们很可能会给出一个典型、传统的体面回答，"我是坐办公室的"或"我是便利店的店员"。换句话说，无论是极端的闲散者还是一般的闲散者，如果有人问他们工作是什么，或最近在忙活些什么，他们都会"有事可说"。

然而，如果询问工作的目的是想了解某个人的话，闲散者的回答似乎一点用也没有。极端的闲散者也许能列出他们一天中做的所有琐事，但其中大多数都太过普通，无法提供给我们有关闲散者个人任何有意义的信息。毕竟，大多数人早上也要起床，煮咖啡，买菜；许多人也会在闲暇时玩电子游戏或浏览社交媒体。对我们大多数人来说，忙碌的日常生活并不能真正从某个侧面说明"我们是谁"。因此，虽然极端闲散者确实"忙活"了些事情，但他们所做的事情似乎不能说明他们存在的意义。

那么日常生活中一般的闲散者呢？许多一般的闲散者确实有工作。事实上，我们经常在工作中遇到闲散者。然而，只要闲散者的座右铭是得过且过，他们就很少关心自己做什么。他们很可能是一个负责任的闲散者，完成了所有分配给他们的任务，但他们不想做更多的事情。他们把工作简单地看成是必须要做的事，只是日常生活的一部分，就像晚上倒垃圾或周末去洗衣店一样。（几乎没有人会把自己定义为"晚上倒垃圾的人"或者"周末洗衣服的人"，如果有的话也少之又少。）工作对于闲散者来说可能毫无意义，容易被忘记，就像日常琐事之于我们一样。因此，了解闲散者的日常工作和了解我们的日常琐事一样，可以提供一些有用的信息，但并不能帮助我们了解他们是什么人。总之，他们并没有真正投入自己的工作中，无论他们从事什么职业，都不太利于说明他们如何看待作为个体的自己[①]。

本章开头的那个思维训练——想象在聚会上认识一个新朋友是什么感觉，目的在于展示我们根深蒂固的文化信念，即工作是了解一个人存在的窗口。因此，闲散者对工作缺乏投入，让人担心他们的自我意识会受到威胁。我们怎么了解一个闲散的人？我们可以知道些什么？他们知道自己是谁吗？然而，在我们试图"拯救"闲散者的个体特征，消除他们的身份危机之前，我们需要审视存在和行为——"我们是谁"和"我们做什么"之间的联系。

1929年，詹姆斯·特拉斯洛·亚当斯（James Truslow

Adams，提出"美国梦"一词的作家）在一篇题为"'存在'还是'行动'"（*To "Be" or to "Do"*）的文章中哀叹道，在美国，"一个人做什么比他是什么更重要"。比起我们的性格，我们更关心我们的事业。他批评美国大学把"做"看得比"是"重要——美国大学更感兴趣的是培养学生做事情，而不是成为了不起的人。在亚当斯看来，医学和工程等职业培训与博雅教育不同，因为"前者教我们如何谋生，后者教我们如何生活"。（亚当斯的言论为皮珀对博雅教育和工科教育的观点埋下了伏笔。我们在第一章中看到，皮珀认为，博雅教育有助于我们摆脱世俗的枷锁，比如挣房租或修理轮胎。我们追求知识不是为了事业的发展，而是为了丰富我们的思想。）

亚当斯担心过分强调"行动"可能会妨碍"存在"："我们太忙于行动了，没有时间存在。"他担心我们可能忽视了这样一个事实：行动只是存在的一种工具，而我们把实现目的的手段当成了目的本身。他问道："如果我们永远无法成为什么人，无法达到存在的目的，那我们行动还有意义吗？"考虑到亚当斯的担忧，我们坚信所做的事情决定了我们是什么样的人，也就颇具讽刺意味了。我们不仅没有像亚当斯在他的文章中所主张的那样，使"行动"从属于"存在"，而是实际上已经把"行动"等同于"存在"了。我们的超高生产力文化让我们相信，没有行动，我们甚至不可能存在。学术界"不发表，就淘汰"的模式就是在大声宣告：如果没有行动，我们这些学者就可能不复存在。

了解了亚当斯对行动和存在的看法后，我们来进一步审视自己：为什么我们想通过某人的职业来了解他？聚会上的破冰开场白乍一看似乎很保险，不会闹出什么意外，但其实并非万无一失。首先，人们对不同的工作有不同的刻板印象或期望，认为有些工作比其他工作更"体面"。人们常常会因为自己的工作而被评判，或被贴上标签，所以在回答这个简单的破冰问题时，人们很难抛开利害关系，采取价值中立的态度。如果你在聚会上认识的新朋友从事的是一个被高度污名化的行业，他们在回答这个问题时可能会感到尴尬甚至羞辱。其次，我们对不同工作的刻板印象和期望，很可能会阻碍我们了解一个人。例如，如果社会认为我们新认识的人从事的行业是"体面的"，我们可能会无意中给予他们更多的信任。相反，如果我们的新朋友有一份很多人都觉得不好的工作，我们可能会在了解他们之前就对他们产生偏见。当然，根据职业来判断一个人有时也合情合理，甚至十分明智。假设你的新朋友是一名医护人员，他长途跋涉至国家的另一边，去一个新冠病毒感染疫情热点地区工作，你一定会立即对你的新朋友肃然起敬。但即便如此，鉴于许多职业都背负着毫无根据的假设和污名，或许当我们想了解某人时，我们应该克制自己的冲动，不要再为了活跃气氛而问别人："你做什么工作？"我并不是说永远不要询问新认识的人从事的是什么职业，而是我们应该发散思维，探索了解一个人的其他方式。换句话说，我们需要打破我们根深蒂固的信念，别再认为一个人（为了谋生）所做的事情能让我们了解他是谁。

我的这一观点衍生自一个清晰明确且无可争议的观点——我们不应该根据一个人的谋生方式来预先对一个人做出判断。然而，有人可能会担心，我把工作等同于职业，低估了工作存在的重要性，因为我们所做的不仅仅是支付房租的工作。康德说我们有责任发展我们的才能，他说的不仅仅是我们为了工作而专门发展的才能，而实际上谈论的是更广泛的、能够帮助我们实现我们为自己设定的目标的才能。于是，有人可能会说，定义我们身份的"工作"可能与我们的职业无关，因此，只要我们认同自己在职业之外所做的事情也属于"工作"的范畴，那么"工作"就仍然能说明我们存在的价值。换句话说，只要我们不把"行动"的含义仅仅局限于一个人的工作，"行动"和"存在"之间的联系就仍然是合理的。

毫无疑问，如果真想了解一个人，我们需要做的不仅仅是交换名片。不是每个人都认同自己的工作，而且通过一个人所做的项目、爱好或社区活动，我们可以更好地了解他。事实上，许多人用他们认为有意义的工作定义自己的身份，而不是用支付账单的那份工作。比如，有人可能会说："我现在在一家餐厅当服务员，但我尽量多去试镜。"我们也就知道他认为自己更像是一个演员，而不是一个服务员，即使他还没有得到任何演戏的机会。类似这样的人会把自己和希望从事的职业联系在一起，而不是他们真正做的工作。或者假设有人说："我管理对冲基金，但更值得一提的是，我周末会去乐队当鼓手。"与日常工作相比，这位对冲基金经理更认同自己的音乐。也就是说，他们的身份更多地与业余爱好有关，而不是他们的职业。因此，尽管我们无法根据职务了解或判断一个人，也许我们仍然可以通过他在工作之余做（或不做）什么来了解或判断他是什么样的人。

假设我们一致认为，只要一个人做了其他有助于定义他身份的事情，他的职业就不能定义他是谁。这对闲散者意味着什么？每天都懒懒散散的人从不试图做出一番成就，他们不太可能在工作之余（假设他们有工作）有什么表现。毕竟，主动做项目、培养兴趣爱好或参与社区服务需要付出的努力通常都超出了最低限度。然而，说一个闲散者除了工作什么都不做也是错误的。闲散者可能会和朋友出去玩，看电影，或者偶尔打一场篮球比赛。但无论他们有什么业余活动，主要都是为了消磨时间，又或者是为了陪伴朋友或家人。他们不想当影迷或职业篮球运动员，也不会因为这样的目标受到激励。如果闲散者恰好在某一活动上做得很好，或者对自己所做的事情感觉良好，这完全是意外收获。总之，即使闲散者工作之余还会做其他事情，他们也不太可能会用这些事情定义自己的身份，因为他们并不在乎个人的发展。因此，闲散者对我们来说仍然难以捉摸，或者说至少看起来是这样。

那么，闲散的人是不是缺乏性格或个体特征呢？他们会有存在危机吗？闲散者解决存在危机的方式之一可能是扩展存在的定义。也许"你做什么工作"这样的问题并不是个好的开场白。闲散者可能会说："当然，我们所从事的工作有助于说明我们是谁，但工作并不是唯一的标准。"除了工作，我们还可以通过一个人的家族史、政治立场、道德观念，甚至他所期望和恐惧的事情来了解他。除了工作，还有其他事情可以定义我们的身份。比如，有些人可能会用财产来定义自己："我用的马桶都是金的。"有些人可能会用信仰来定义自己："我是一个无神论者。"有些人可能会用态度来定义自己："我是一个乐观主义者。"有些人可能会用创伤来定义自己："我是一个幸存者。"有些人甚至会用社会关系来定义自己："我是一个虎妈（猫爸）。"

接下来，我们来进一步探讨由人际关系形成的身份。如果有人问闲散者"你做什么工作？"，他们可能不会侃侃而谈。但是，如果被问及对他们来说很重要的家人或亲属时，他们可能会有更多的话要说。比如，人们会定义自己的身份是"父母"，这样的情况很普遍。[前美国第一夫人米歇尔·奥巴马（Michelle Obama）自称是"首席妈妈"]。除了工作和成就，亲属关系也能定义我们。事实上，拥有一段意义深远的关系通常会让你清楚自己是什么样的人。初次为人父母的家长可能会懂得，他们爱另一个人甚至超过爱自己，有孩子之前他们可能从未想过会有如此感受。

诚然，人际关系至少在两个重要方面与"工作"密不可分。首先，一段关系需要付出。维持一段关系并不是一件容易的事。例如，我要和我的猫"扁扁"保持良好的关系，就需要在它午睡醒来之前赶回家；它要睡在我的腿上，所以我只得用一种古怪的姿势批改论文；我还要到处搜寻各种各样的小零食，讨它欢心。有人可能会说，一段关系通常伴随着责任，所以用关系来定义自己其实只是间接地用工作来定义自己。换句话说，我们无法避免用工作来感知自己。

然而，闲散者并不是从不工作的人。他们有工作，只是他们工作的目的不是取得一番成就。同样，我们为我们关心的人付出，并不是为了有所成就（至少没有这个必要）。我喜欢扁扁不是因为它能让我变得更好。即使侍候扁扁确实让我觉得自己很有用或有价值，我的有用感或有价值感也只是一种附加的好处，而不是我为它服务的目的。我半夜从床上爬起来清理扁扁的呕吐物，并不意味着我认为自己是一个清理猫呕吐物的人，也不意味着我认为自己的主要身份是扁扁的看护人。我和扁扁的关系还有很多不涉及工作或劳动的地方。换句话说，即使在一段关系里，有人要付出大量的劳动，构成我们身份的仍然不是劳动，而是关系。

人际关系还在另一个方面与"工作"密不可分。有人会说一位重要人物使他们成为"更好的人"，这样的情况并不少见。这通常意味着，有人激励一个人振作起来，让他变得更有用或目标更明确，要成为更好的自己。也许新手父母工作更努力了，因为他们想要照顾好他们的第一个孩子；也许曾经闲散的人有了心仪的人，所以变得好胜、雄心勃勃起来；或者一个人努力变得更好，因为他们想要配得上他们所爱的人。但在这种情况下，努力只是关系的一种功能，而不是关系的必要组成部分。假设一个人曾经很闲散，他在第一个孩子出生后变成了一个积极进取的人，这并不一定意味着这个曾经的闲散者会突然用工作定义自己的身份。相反，只要是这段关系激发了他的努力，那么他就更有可能用关系来定义自己。这位前闲散者更有可能说"我当爸爸了"，而不是"我是本月最佳员工"。

　　既然我们可以通过很多不同的方式来塑造自己的身份，那么"不求上进"的闲散者也就不会遭遇生存危机了。闲散者可能会对"行动"的首要地位发起挑战，来解决所谓的"存在"危机，但我认为，闲散者更可能会耸耸肩表示回应。我们退一步来说，假设闲散者承认"存在"与"行动"有关，假设闲散者也承认他们的存在因为他们的不作为而岌岌可危，又会怎么样呢？在第六章，我们介绍了奥康纳解决价值问题的策略。回想一下，价值问题说的是，闲人没有努力使自己成为有用的人，从而使得他们有失身份（作为理性存在的身份）。奥康纳并没有试图重新定义价值，以帮助闲人融入社会。相反，他质疑的是价值对闲人来说的相关性。在奥康纳看来，康德从来没有很好地解释为什么闲人应该关心"身份相符"或"努力的价值"，而不是吸引我们的理性本性。奥康纳也指出，如果努力让自己变得更好已经是我们的天性，为什么还要说服闲人努力让自己变得有价值呢？更重要的是，如果闲人过上了游手好闲的生活，那么闲人改变他们的生活方式又能得到什么呢[②]？

　　对于人们对自己的存在"危机"的担忧，闲散者会做出同样的回应吗？就像闲人不关心自己是否有价值（或是否缺乏价值）一样，闲散者也可能对存在的问题漠不关心。我们可以想象，闲散者会耸耸肩，说："我为什么需要知道我是谁？你不知道我是谁和我有什么关系？"[②]的确，闲散者为什么会突然担心自己的"存在"呢？如果以前"不行动"没有给闲散者带来身份危机，为什么现在就成为一个问题了呢？所以，对于存在这个问题，也许闲散者发自内心更真实的回答是："我为什么要在乎？"闲散者不去解决价值和"存在"的问题，而是通过否认它们的相关性来解决这些问题。闲散者只会随波逐流，他们在阻力最小的路上生活下去。

* * *

我们需要通过工作来实现自我，这一观点并非康德所独有。事实上，这是我们超高生产力文化的信条。有趣的是，即使是崇尚休闲的思想家也认同活出自我的重要性。我在第一章中已经介绍过，几位崇尚休闲的思想家认为，反勤奋是实现真正的人类存在方式的必要手段。这种真实的存在方式包含不同的内容，比如自主权、人类尊严、自我实现，或者是对传统成功观念的抗拒[③]。这些思想家将休闲（或不工作）视为我们成为或应该成为什么样的人的真正途径，赋予休闲存在的意义。然而，在他们努力捍卫休闲的同时，这些思想家也无意中使其工具化。理查德·林克莱特的电影《都市浪人》就是这种工具化的一个很好的例子。我们在第二章中看到，林克莱特讲述的闲散者是反文化运动的参与者，而闲散则是作为资本主义的对立面呈现出来的。但具有讽刺意味的是，一旦我们把休闲变成一种解放的力量，它就不再是真正的悠闲的、无忧无虑的了。一旦我们把闲散者视作抗议者或文化批评家，他们的身份就不再是没有目的的了。

此外，崇尚工作的思想家和崇尚休闲的思想家有许多共同点，尽管他们可能并不愿意承认。首先，崇尚工作的思想家坚持认为工作才是正确的；崇尚休闲的思想家则坚持认为，不工作才是正确的做法。崇尚休闲的思想家用"不工作"来代替"工作"，无非是否定了那些崇尚工作的思想家心目中具有重要存在意义的事情。崇尚休闲的思想家说，不是工作，而是不工作。但即使是对工作的否定，也仍然是在相同的工作范式中运作的。也就是说，崇尚休闲的思想家继续通过工作（或者，在他们的情况下，不工作）的透镜来概念化存在。但我们知道，工作只是我们获得个体特征的众多方式之一。除了工作之外，我们的人际关系、信仰和承诺也造就了我们的身份。具有讽刺意味的是，崇尚休闲的思想家优先否定工作，含蓄地肯定了工作的特殊地位。

其次，无论是崇尚工作还是崇尚休闲的思想家都认为，有一种我们必须遵守的特定的存在方式。因此，尽管他们对这种特殊的存在方式存在分歧，但似乎他们都没有质疑存在的首要性⑤。我在第六章中讲过，追求价值只是充分发挥我们潜力或才能的另一种说法。康德没有说，"你在物理上很有天赋，投身学术界一定前途一片光明，所以你应该去读研究生"，而是说，"因为你有理性，可以超越动物，所以你应该过配得上你身份的生活"。要求我们培养自己的才能是为了体现我们的价值。有趣的是，崇尚休闲的思想家也与此相似。像康德这样崇尚工作的思想家认为，我们需要让自己有所成就，才能实现自我，而崇尚休闲的思想家只是用休闲取代工作，作为获得更真实、更自由的自我的手段。那些崇尚休闲的思想家并没有培养我们的才能，而是告诉我们，不工作才会让我们成为自己或者不辜负我们自己。尽管如此，即使对那些崇尚休闲的思想家来说，我们还是要通过努力获得相当的人格。

按照他们的观点，休闲是新的工作，不工作是新的行动。在他们试图将休闲奉为真实生活的基础时，崇尚休闲的思想家错过了质疑"不辜负我们自己"的良机。对许多人来说，"发挥我们的潜能"这一需求如此理所当然，所以全盘接受。然而，闲散者对此提出了质疑（尽管是无意的）。也就是说，他们对充分发挥潜能，甚至发展我们才能的需求提出了质疑。他们对要求做一个"有用的"人提出了质疑。他们对力争做到最好的要求提出了质疑。显然，闲散者决不会强迫自己遵从于地位至上、生产超高生产力文化的剧本。

考虑到这一点，崇尚休闲的思想家会做出与崇尚工作的思想家相同的假设，这就非常令人费解了。也就是说，双方都认为有一种特定的生活方式，能让我们充分实现自己的价值。对于那些崇尚工作的思想家来说，我们需要让自己变得有用，才能有价值。对于那些崇尚休闲的思想家来说，我们需要通过休闲来实现自我，或者成为真实的自我，或者拥有自主权。但是必须有一个我们为之奋斗的标准吗？（即使对于那些崇尚休闲的思想家来说，奋斗意味着"不工作"。）我们为什么对价值的、真实的或自由的如此迷恋？我们要证明什么？向谁证明？当然，反对生产力文化的人不需要向任何人证明自己。如果我们欣赏闲散者没有按剧本行事，那么按照崇尚休闲的思想家那种"真实"的新剧本行事，就显得十分愚蠢了。遗憾的是，崇尚休闲的思想家把我们从超高生产力文化中解放出来，却又让我们再次陷进去。这一次，我们不是被工作所摆布，而是被永远难以捉摸的真实理想所挟持。

闲散者让我们很多人困惑，部分原因是他们挑战了我们根深蒂固的信念，即我们做什么就是什么人。在我们成长的文化环境中，工作决定了我们的身份和价值，因此我们不太知道如何看待闲散者也就不足为奇了。那么，倘若我们把"行动"从"存在"中分离出来，会发生什么呢？倘若我们不再以行为来定义自己，会发生什么？我们有可能这么做吗？我曾说过，塑造我们的身份和自我价值的，除了工作还有很多因素，人际关系就是其一。如果我们能拓展认识自己的方式，如果工作不是定义我们的唯一东西，那么闲散者可能就不会那么难以捉摸了。

在最后一章中，我将进一步研究闲散者的冷漠态度。如果一个闲散者对自己的价值漠不关心，对遵循任何人生剧本都不感兴趣，他们还会在意为自己辩护吗？事实上，闲散者会有兴趣读这本书吗？

第七章 闲散者有身份危机吗？

疫情之下的闲散者

新冠病毒感染疫情彻底颠覆了我们习以为常的世界，各地不得不出台封控政策，以隔离病毒。本书大部分都是在封控期间写的。突然之间，我开始隔着屏幕和学生们说话，而不是站在教室里与他们互动。我发现自己不是在解读哲学文本，而是在试图理解各种图形、地图和图表中的统计数据。门把手、钥匙、我们呼吸的空气，这些曾经不会伤害人们的东西变得危险起来。打喷嚏、咳嗽、握手，这些曾经无辜的行为也让人疑神疑鬼。我们生活在一个如此奇怪的时代，我不禁要问：我真的要在此时此刻写一本为闲散者辩护的书吗？一方面，假装一切如常，继续写书，似乎显得有点荒谬。那么多人失业，那么多人被迫无所事事，我在此时为闲散辩护，似乎有些不切实际，甚至麻木不仁。另一方面，写书给我带来了一丝慰藉。不受疫情影响，继续创作，也就意味着"不是所有东西都屈服于这场疫情"。所以，我做了一点妥协，开始反思在疫情期间做一个闲散者（或积极进取的人）意味着什么。疫情期间，闲散意味着什么？疫情对我们的工作和超高生产力文化有何启示？

乍一看，疫情似乎助长了闲散的风气。"疫情闲散者"把居家的机会视为闲散的许可证。疫情期间，电影电视节目流媒体服务的使用量和新订阅量大幅增加。例如，网飞在2020年第一季度增加了1580万订户，是该公司预期的两倍。在互联网上快速搜索一下，就能找到无数值得一看的节目，这些节目是专门为那些因疫情困在家里、闲得发慌的人安排的。突然之间，许多人都变成了我们在第三章中提到过的经典好莱坞式闲散者：整天蜷缩在沙发上，只知道看电视。疫情让人被迫待在家里，从而让很多人内心的闲散者原形毕露。

与疫情闲散者相对应的是"疫情积极进取者"。就像疫情闲散者一样，疫情积极进取者把封控时间视为一个机会。然而，与疫情闲散者不同，疫情积极进取者利用这个机会自我完善。他们在家执行严格的锻炼计划，报名参加大师班（Master Class）的课程，尝试发酵面粉，自己烘焙面包，自己建鸡舍，自己养鸡。疫情积极进取者不是在试图消磨时间，他们是想做出一些成就。互联网上有多少为闲散者准备的"隔离期间最适合观看的电影"，就有多少向积极进取者介绍如何提升自我的文章。在家烘焙的人与日俱增，以至于整个美国的面粉和酵母都供不应求。因此，疫情也加强了我们的超高生产力文化。虽然疫情给了一些人闲散的机会，但它也激发了许多人的进取心。

关于生产力，人们有着诸多相互矛盾的意见，我们对工作的矛盾心理可见一斑。我们既能看到关于如何保持生产力的策略，又能看到关于为什么我们不应该期望自己在疫情期间保持生产力的评论。为了维护生产力，《时代》（*Time*）杂志提出了"居家工作保持生产力和心理健康的5个建议"，美国国家公共电台（NPR）提供了"有效居家工作的8个建议"，《时尚》杂志则给出了"居家工作而不失去理智的11个建议"。在反生产力方面，我们有诸如《不要试图保持生产力》《疫情期间无"生产力"可言》《如果你在新冠病毒感染疫情期间没有生产力也没关系》等文章。有趣的是，这些反生产力的评论似乎通过强调"得过且过"的重要性来提倡闲散。一位作家写道："如果你只能得过且过，这就已经够了，因为'得过且过'可能是未来几个月的情绪新常态。"另一位则建议说："不要把注意力放在如何尽可能快乐和高效地制定详细的策略上，而要多花时间消磨光阴。"然而，请注意，这些评论员所提倡的"得过且过"与我们在懒人身上看到的"得过且过"是不一样的。对这些作家来说，我们可以在疫情期间满足于得过且过，并不是因为我们像闲散者一样对成功或成就漠不关心。我们现在可以设定一个低标准，这是合理的，因为我们太累了，无法再超越自己。我们现在能做的，最多也就是得过且过了。那些反对生产力的评论员们与其说提倡闲散，不如说他们提倡一种可持续的应对方式。我们"闲散"是因为我们知道自己的极限，我们爱护自己。

为了遏制病毒的传播，许多公司开始居家办公，故而教人们如何保持生产力的评论激增。许多人不得不把家进行一番改造，使其变成实际意义和心理意义上的工作场所。以前我们下班后用来看电视和放松的客厅，现在变成了办公室、会议室、日托中心、教室，又或者一间客厅"身兼多职"。我们不仅要创造一个有利于工作的实际环境，还必须调整心态，这样就不会在走进客厅以后第一时间去找电视遥控器。顺便说明一下我自己的做法：有一天，我正在用佐姆（Zoom）❶上课，窗外突然传来建筑施工的声音，于是我不得不搬到离窗户最远的一个房间上课，那正是我的卫生间。幸运的是，Zoom的虚拟背景给我留了些面子，没让学生知道我坐在马桶上讲康德道义论。当然，如今不少公司都在裁员，失业率赶得上大萧条时期，我能坐在马桶上教书已经很不错了。有些工作人员只得冒着生命危险为我们提供基本生活必需品，因

---

❶ Zoom是一款多人手机云视频会议软件，为用户提供兼备高清视频会议与移动网络会议功能的免费云视频通话服务。用户可通过手机、平板电脑、PC与工作伙伴进行多人视频及语音通话、屏幕分享、会议预约管理等商务沟通。

此，能够居家工作已经是许多人享受不到的福利了。然而，家庭和工作之间的界限模糊了，对我们来说无异于当头一棒：尽管我们身体离开了办公室或校园，但我们现在总是在工作。讽刺的是，我们失去了实际意义的工作空间，却更难摆脱工作状态了。

那些足够幸运能够远程工作的人，现在无时无刻不在工作，他们也必须适应这一现实。与此同时，被迫离职的人不得不面对他们没了工作的现实。在美国，仅仅2020年4月这一个月就有2050万人失去了工作岗位；2020年3—5月期间，超过4000万美国工人申请了失业救济。食品银行的需求出现了前所未有的增长。位于拉斯维加斯的一家食品银行每周要多花30万～40万美元购买食物。圣安东尼奥的另一家食品银行将其提供食物的人数增加了1倍：从疫情前的6万人增加到2020年5月的12万人。挨饿本身就够令人伤心了，但对许多人来说，领取食物还需要克服心理障碍。许多领救助食品的人在此之前从未失业过，他们不得不第一次寻求帮助。他们的焦虑显而易见。对一些人来说，不得不领取救助食品已经动摇了他们对美国梦的看法。一名来自罗马尼亚的移民告诉记者："我来美国的时候……从来没有想过我会需要领（福利救济金）。"对其他人来说，不得不寻求帮助会削弱他们的自给自足感。一位食品募捐志愿者回忆说，许多人"试图替自己解释"，告诉她，他们确实有一份工作，他们以前从未做过这样的事情，希望向她表明"他们不是索取者"。

人们担心被视为"索取者"，表明了他们对领福利救济金的焦虑。美国人很久以前就在说，靠福利救济金生活的人懒惰、吃白食，是寄生虫。这场疫情是否会改变人们这样的看法？1/4的美国工人同时失业了，难道他们都是懒惰的人吗？当然，要改变一个人根深蒂固的信念、成见和偏见，经验事实并不总是有效的。一个顽固的反福利主义者可能会坚持认为，那些失去工作的人仍然应该努力重新找工作：他们可以接受培训，从事疫情流调的工作；亚马逊和沃尔玛等公司在疫情期间大量招聘员工，他们也能去应聘；他们可以做兼职，比如送外卖。然而，在失业率如此之高的情况下，即使有人很幸运地保住了工作，但他们身边可能有因为疫情而失业的人。这些刚刚失业的人里，当然有人不符合人们对闲散者的刻板印象，即懒惰的吃白食的人。假设一个人努力工作、自力更生，却因为失业而不得不申请食品券，排队等候一顿热乎饭，我们还要坚持认为福利救济金只是为懒惰的"索取者"准备的吗？当然，人们可能会坚定地认为，他们认识的这些努力工作的人是例外，福利救济金计划总体上仍然助长了吃白食的风气，让人们失去了工作的动力。然而，失业率骤然大幅飙升，说明"不工作"与闲散或懒惰不一样。这可能会帮助那些不得已寻求救助的人摆脱闲散的污名。明尼苏达州一名最近失业的男子承认，他"从前坚信那些寻求援助的人不够努力，现在不得不暂时将这种想法抛诸脑后"。

当然，澄清失业者不等同于闲散者，并不能充分说明闲散的正当性。说明失业者与闲散者不同，只是在为由于不可抗力失去工作的人辩护，而不是为那些有意懒懒散散的人辩护。即使疫情有助于改变美国人对福利救济金项目的看法，但闲散（或"不够努力"）者仍然不受欢迎。即使顽固的反福利救济金者改变了对失业救济的看法，他们仍然没有理由支持闲散。所以，把不工作和闲散区分开来，似乎对闲散者没有多大帮助。然而，接下来我们会讲到，随着疫情形势的不断变化，整天蜷在沙发上看电视的闲散者成了爱国主义的象征，这无疑是一个相当令人惊讶的反转。

爱国型闲散者

2020年3月底，美国大部分地区都处于封控状态，社交媒体上流传着这样一个梗："你的祖父母被号召上战场，你被号召坐在沙发上。你能做到的。"与此同时，英国播音员皮尔斯·摩根（Piers Morgan）在他的节目《早安英国》（*Good Morning Britain*）中表达了类似的观点，"你不必冒着生命危险蹲在战壕里，你只是被要求回家看电视"。已经95岁的英国第二次世界大战老兵哈里·芬恩（Harry Fenn）在脸书上发布了一段视频，他在视频中号召年轻人待在家里："1944年，我为国家效力，履行我的职责。现在轮到你了，请好好坐在沙发上。请救救大家。只要简单地坐在沙发上就可以了。"美国演员兼喜剧演员拉里·大卫（Larry David）发表了一份公共服务声明，他也用类似的语言号召人们不要出门：

> 我主要是想对那些白痴说，白痴们，你们知道我在说谁……你在伤害像我这样的老人。好吧，不是我，我和你没有关系，我和你也见不到面。但是其他的老人呢，比如你的亲戚，也许还有其他人，谁知道呢？出门就意味着你放弃了一个绝佳的机会，一个一生只有一次的机会，一个待在家里、坐在沙发上看电视的机会……回家看电视吧，这就是我给你们的建议。

有趣的是，大卫在这份声明中提到老人，不是为了激发我们的爱国主义，而是为了唤起我们的同情心。虽然大卫没有将坐在沙发上比作为国牺牲，但他呼吁我们履行公民义务，关爱老年人，他们特别容易受到病毒的感染。因此，尽管他的请求没有任何爱国色彩，但他仍然要求我们"尽自己的一份力"。值得注意的是，这些呼吁没有一个只是简单地说"待在家里"，或"待在家里写你的小说"，或"待在家里锻炼"。我们被要求"坐在沙发上"和"看电视"。这是对闲散者的刻板印象，这些呼吁采用这样的措辞，只是想说我们被要求做的事有多么微不足道。不管是社交媒体上的梗，还是摩根的碎碎念、老兵的恳求和大卫的公共服务声明，它们背后的想法很简单：人们被要求为国家或所爱之人"牺牲"，方式就是待在家里，放松。尽自己的一份力，做一个闲散者。

把疫情和战争相提并论也不是什么新鲜事。许多人都注意到了，我们大量使用战争隐喻来描述我们在疫情中的经历。前任总统特朗普（Trump）宣称自己是"战时总统"，医疗专业人员是"一线"工作者，患者正在与病毒"战斗"，类似的表述不计其数。评论员列举了这种战争隐喻潜在的问题和含义。例如，医务工作者与士兵不同，他们从事这个职业时并没有预料到他们会拿自己（及其家人）的生命冒险。将疫情与战争相提并论可能会助长这样一种观念：死亡只是"附带损害"，或者死亡"不可避免"。此外，战争的隐喻往往会滋生"只关注自己、我的国家至上"的态度，这是一种典型的民族主义态度。

尽管战争隐喻在疫情叙事中十分普遍，但待在家里犯懒已经成为一种责任召唤，这一点仍然引人注目。毕竟，"闲散者（slacker）"是一个在军事领域广为人知的贬义词。在第一次世界大战期间的美国，"slacker"一词最初是指逃避兵役或没有为战争做出贡献的人。1918年，《纽约时报》一篇题为"全国通缉闲散者"（*Net for Slackers to Be Nation-Wide*）的文章描述了一场全国搜捕逃避兵役者的行动，因为"官员们决定，不爱国的人不允许逃避兵役"。大约在同一时间，《索萨利托新闻》（*Sausalito News*）一篇题为"用油漆浇闲散者"（*Douse Slacker in Paint*）的报道说，一个名叫安迪·托姆科（Andy Tomko）的人拒绝向红十字会（the Red Cross）战争基金捐款，被浇了红油漆。"slacker"这个词甚至可以代指可用于战争的闲置材料或物品。例如，在"闲置唱片周"（Slacker Record Week）期间，不用的唱片和唱机都被收集起来，为在海外战斗的士兵鼓舞士气。"闲置唱片周"就是一项迫使闲置唱片为国家做一些实质性工作的运动。在1918年，闲散就是不爱国。

值得注意的是，"闲散者"一词在1918年大流感期间的"戴口罩运动"中起到了关键作用。下面这段摘自哈斯汀中心生物伦理简报（*Hasting Center Bioethics Briefing*）的文章告诉我们：

1918年大流感时正值战火纷飞，爱国主义情绪高涨，美国人民当时特别倾向于听从政府的命令。1918年9月，大流感袭击美国之时，"闲散者"这个最初指逃避兵役者的词，很快被用于代指不遵从公共卫生法令的人。

　　疫情期间，"闲散者"一词指代的范围继续扩大，延伸至拒绝戴口罩的人。红十字会的海报上印着大大的标题——"纱布口罩能防99%的流感"，下方写着"医生戴口罩。不戴的人会生病。现在不戴口罩的男人、女人或孩子都是不遵从公共卫生法令的闲散者，十分危险"。在旧金山，就像治安维护者组织当年在全国各地进行"逃避兵役者大搜捕"，围捕没有征兵证的年轻人一样，"不戴口罩者"现在被以"扰乱治安"的罪名逮捕并罚款。"闲散者"一词竟然应用于军事和疫情两种情境，实在令人震惊。这意味着拒绝戴口罩的人不仅危害公共健康，而且不爱国。国家处于战争状态，他们却在自己的城市里"扰乱治安"。将戴口罩和爱国主义联系在一起，一定程度上是出于战略上的考虑。当时，很多男性不愿意戴口罩，因为戴口罩被认为是女性化和软弱的表现。为了纠正这种观念，公共卫生教育开始提倡戴口罩，宣扬戴口罩是表达爱国主义的方式，是遵守公共卫生法则的表现。而那些不戴口罩的人则被认为是"闲散者"——国家的叛徒，与逃避战争的人无异。

2020年疫情期间，戴口罩再度成为焦点，爱国主义和男子气概的讨论再次聚焦于薄薄的口罩。2020年5月，乔·拜登（Joe Biden，当时的民主党总统候选人，现任美国总统）在居家隔离两个月后，首次在阵亡将士纪念日仪式上公开亮相。阵亡将士纪念日当然是一个爱国情绪高涨的日子；当拜登戴着口罩出现时，他戴口罩的行为立刻染上了爱国色彩。与此同时，尽管美国疾病控制与预防中心（CDC）大力号召美国人在公共场合戴口罩，前总统特朗普一直表示拒绝。特朗普利用这个机会诋毁拜登，他发了一条推文，似乎在嘲笑拜登戴口罩的行为。这种抵制戴口罩的行为，不禁让人想起了1918年的情形。这种极其有害的男子气概自那年开始，就助长了抵制戴口罩情绪。正如特朗普的一名支持者所言，戴口罩是"顺从，是让自己闭嘴，看起来很软弱——尤其是对男人来说"。

值得庆幸的是，我们现在对待闲散者的态度没有那么强硬了。虽然有些人确实认为我们应该为社会做出贡献（我们在第六章中提过这一点），但他们不会认为没有贡献就是不爱国。校园里不会有搜捕闲散者的突击行动，抓捕那些没有在小组项目上尽最大努力的学生，或者不出席系会议的教授。没有学生因为交了质量平平的论文而被罚款，没有教授因为没有在顶级期刊上发表文章而被捕。但是，这些在很大程度上要归功于这个词本身演变出了另外的含义。无论是保卫自己的国家，还是遏制一场致命的传染病，"战争闲散者"和"口罩闲散者"都不愿尽自己的一份力。只要人们认为他们不负责任和自私，他们至少应该受到谴责。

但我在这本书中为之辩护的闲散者却完全不同。本书中，我从头至尾都在强调，闲散者指的是那些成就不高的人，他们对完善自我或获得传统意义上的成功漠不关心。他们不想有所作为，但他们仍会完成自己分内的工作。如果现在要征兵，闲散的人也会登记报到，但他们不会有晋升的野心，也不会想在军中做出一番大事业。20世纪八九十年代，美国陆军的招募口号是"尽你所能"，但这样的口号对他们来说意义不大。2020年疫情期间，闲散的人很可能会戴上口罩，勤洗手，然而却永远不会把隔离或封闭的时间当作写一本书、学习一门新语言或做播客的好机会。疫情暴发之前他们没有动力完善自我，现在也依然没有。

诚然，让年轻人"坐在沙发上看电视"的请求不光尖刻，还有点傲慢。然而，考虑到"闲散者"一词在军事领域的历史，我们现在被要求做一个闲散者，这毫不奇怪。1918年的爱国主义意味着戴上口罩或为国捐躯，而2020年的爱国主义意味着坐在沙发上。我们的社会现在提倡一种"搏命文化"，所以能够什么都不做很可能反倒是一种成就。又因为我们已经有了一种根深蒂固的忙碌心态，待在家里坐在沙发上可能反而需要极强的自律能力。闲散是一种爱国主义行为，这一观点使我们想到本书中两个反复出现的主题：1.休闲、闲散、不工作的工具化；2.存在与行动之间的联系。

首先，正如我在第一章中所述，崇尚休闲的哲学家提倡休闲、闲散、不工作时，他们将其工具化了。罗素和皮珀认为，休闲是为文明和进步服务的。希彭认为，真正的休闲（而不是商品化的伪休闲）使我们能够从事有意义、自我反思、自我实现的活动。在林语堂、奥康纳和科恩看来，闲散或不工作都是一种抗议，是对物质财富和传统成功观念的一种有意的拒绝。对于每一个崇尚休闲的思想家来说，休闲是通向更真实的自由或存在方式的途径。如今，疫情叙事中的闲散似乎被工具化了。在疫情期间，我们不是为闲散而闲散，而是为了更大的利益——为了国家，为了保护脆弱的同胞。

似乎即使在疫情期间，我们也会忍不住给坐在沙发上看电视这样简单的行为赋予更重要的意义。我查阅到的其他崇尚闲散的文章都将闲散工具化，但闲散，或者至少我为之辩护的闲散，是对工具化的抵制。我为之辩护的那种闲散者，他们闲散是没有目的的。毕竟，闲散者的特点是，他们的存在没有目的，他们缺乏让自己有所成就的动力。闲散者只会闲散。当闲散成为自我牺牲或爱国主义的象征时，它就变成了达到目的的一种手段。当闲散是为了服务于一个目标时，它就不再是无目的的了。要是赋予闲散一个更高的目标，我们就牺牲了它的独特性。

其次，我在第七章中讲到，崇尚休闲的思想家在追求自我的过程中，会用休闲取代工作。尽管超高生产力文化让我们相信，为了存在，我们需要工作，但崇尚休闲的思想家认为，休闲是一种新的工作——我们在休闲或不工作的时候，才是最真实的自己。在疫情的大背景下，闲散者成了爱国者。他们的祖辈钻战壕与敌人作战，而闲散者则坐在沙发上与看不见的新敌人作战。不同的行为体现的是相同的爱国主义。闲散者为国奉献（坐在沙发上奉献），可以获得一种国家认同感。

然而，问题在于一个闲散的人不关心自己是否有所作为。闲散者就是闲散，而不是为了成为一个爱国者而闲散。这可就有些矛盾了。如果你为了爱国，做一个闲散者做的事（坐在沙发上看电视），那么你就不是一个真正的闲散者。你可能表现得像个闲散者，但你缺乏一个真正的闲散者应有的冷漠。然而，如果你是一个十足的闲散者，闲散是你的常态，那么成为一个爱国者只是你犯懒的一个意外收获。你不是为了达到什么目的而闲散，更谈不上为了爱国而闲散。你的生活方式可能体现出了爱国主义，但这并不意味着你爱国。

后　记

　　本书叫《闲散一些也无可厚非》，显而易见，这本书要为闲散者辩护。但首先，为什么要为他们辩护呢？谁会对这样的辩护感兴趣呢？我不是指客观和理智层面的感兴趣，而是因个人原因、因自己的存在而感兴趣。（二者有什么不同？我可以举个例子。我可能对野兽派建筑的历史知识感兴趣，但是野兽派建筑和我个人以及我的存在并无关系。然而，我对猫的社会行为这个话题有着浓厚兴趣，因为它告诉我应该如何与我的猫相处，以及我应该怎样照顾我的猫。）那么，谁会对为闲散者辩护感兴趣？在关于闲散的争论中，谁是利益相关者？

　　乍一看，很明显这两个问题的答案似乎都是闲散者。闲散者无疑是一个重要的利益相关者。由于这本书为闲散辩护，有些人甚至会认为这是一本为闲散者写的书。然而，我希望我已通过本书阐明了我的观点，即闲散者并不总是认同传统的价值观。毕竟，尽管他们生活在一个重视实用性和生产力的社会，但他们并没有强迫自己有所作为。因此，那些大多数人认为举足轻重的问题，他们不一定会关心。例如，我在第七章中讲到，闲散者可能毫不在意存在的问题，就像奥康纳所说的闲人毫不在意价值的问题一样。闲散者可能不会用一些聪明的方法来解决所谓的存在危机，因为他们首先就不会承认存在危机。

考虑到闲散者的非常规价值体系，要是认为闲散者是在竭力捍卫自己的生活方式，似乎就并不明智了。事实上，闲散者可能根本不会觉得有必要为自己辩护。如果有人责备闲散者，他们可能只是耸耸肩，继续玩游戏。（这就是为什么闲散者会让人愤愤不平。）所以，即使他们可以用这本书来为自己辩护，说明自己为什么会对有所成就无动于衷，他们也可能根本没有动力去辩护。如果"被告"都没有为自己辩护的兴趣，那进行辩护又有什么意义呢？那么，那些不闲散的人呢？这本书能激励那些不闲散的人过上更无忧无虑的生活吗？

我在"导读"部分指出，本书是想进行适度的辩护。我并不是要提倡闲散，而只是要为它辩护。我的理由有二。其一，如果不赋予闲散以更高的目标，就很难提倡闲散。我们在这本书中提到的那些崇尚休闲的思想家，都试图说明休闲是一种更好的生活方式。他们这样做，最终都将休闲工具化了。也就是说，他们最终都以某种方式使休闲变得有用。但是，我们为什么要坚持认为，休闲或闲散是一种更好的生活方式呢？我们要劝谁呢？如果你已经是一个闲散者，你不需要改变。如果你不是一个闲散者，你不可能仅仅因为读了别人的一个观点就成为一个闲散者。

这就引出了我的第二个原因：我们很难对闲散夸夸其谈，因为它不仅是一种生活方式，也是一种态度。人们可以模仿一个闲散的人，做一些传统意义上闲散的事情，比如整天在朋友的地下室看电视，交一份平庸的学期论文，等等。但是，他们对成功不屑一顾的态度，或者对充分发挥自己的潜力缺乏兴趣，不是可以简单模仿的。对于一个闲散的人来说，闲散不是故意的选择，也不是一种反抗行为——它没有目的，毫不费力。闲散者对发挥潜能或成就自己不感兴趣，他们闲散只是因为他们不在意自己是否能成为有用的人。因此，即使我的论点无懈可击，冷漠的态度也不是可以一蹴而就的。我们之前讲过的假装型闲散者和虚伪型闲散者都试图表现得像一个闲散者，假装他们太酷了，不在乎。但正如我在第二章所述，假装型闲散者试图掩盖他们努力工作的事实，让他们的成就看起来毫不费力，而虚伪型闲散者则炫耀他们毫不费力的成就，来给别人留下深刻印象。只要他们都在为自己的成功寻求外界的认可，无论是假装型闲散者还是虚伪型闲散者，都不是真正对自己的成就漠不关心。换句话说，虽然可以从外表上模仿闲散者，但精神上是不可模仿的。

这本书能给那些关心闲散者的人，比如闲散者的父母或教授，带来一丝安慰吗？也许有人30岁了还住在父母的地下室里，他的父母失望透顶却又束手无策。有一天，他们在书店里拿起了这本书。我们完全可以理解，闲散者的父母为闲散者的幸福，尤其是道德品质牵肠挂肚。例如，父母可能会想："我们有一个闲散的孩子。这是否意味着我们的孩子自私、不负责任？我们养了一个坏孩子吗？"我已在本书中说明，我认为自私和不负责任并不是闲散者的本质特征。如果闲散者的父母认为这个论点有些道理，他们就会松一口气。他们也会稍稍宽心，不会因为认为自己养了一个自私的吃白食的孩子而觉得自己失败。总之，为闲散者辩护可以帮助那些关心闲散者的人，缓解他们的焦虑。我希望这本书能做到这一点。

好了，这本书要结尾了，因为我终于完成了合同规定的字数。

致 谢

这是一本为闲散者辩护的书。我在闲散这个话题上费尽心思，甚至写了一本书，似乎颇有些讽刺意味，而这都要感谢我挚爱的家人。因此，我要感谢我的猫——扁扁，它对努力上进毫无兴趣，是我灵感的来源；还有特雷弗·M.比布勒（Trevor M. Bibler），他的勤奋激励我把灵感诉诸纸上。没有扁扁，我就不会有为闲散者辩护的想法；没有特雷弗，就不会有这本书。

感谢我的编辑安德鲁·贝克（Andrew Beck）给予我鼓励，提出了不少观点独到的建议。感谢2019年秋季我在罗德学院（Rhodes College）做关于闲散者的演讲时那些热情的听众，他们的问题和评论非常棒。我非常感谢匿名审稿人对我的写作计划和书稿提出的宝贵意见。感谢安杰拉·埃利奥普洛斯（Angela Eliopoulos）仔细阅读书稿并精心编辑。

我要感谢我的父母，是他们向我灌输了睡眠的重要性。一如既往，我要感谢丽贝卡·蒂韦尔（Rebecca Tuvel）的慷慨、洞察力以及她对我的支持，我们关于闲散的谈话让我下笔如有神。特别感谢我的执笔小组成员：马娅·马瑟（Maya Mathur）和纳姆拉塔·米特拉（Namrata Mitra）。我会永远铭记我们一起写作的那段时光。感谢加勒特·布里德森（Garrett Z. Bredeson）对第六章内容提出的宝贵建议。感谢亚当·布尔戈斯（Adam Burgos）阅读第三章并提出意见。感谢以下诸位在我写作的不同阶段与我进行讨论：乔舒亚·霍尔（Joshua Hall）、凯利·斯特拉瑟斯·蒙特福德（Kelly Struthers Montford）、凯利·奥利弗（Kelly Oliver）、瓦妮莎·塔伊（Vanessa Tay）、克洛艾·泰勒（Chloë Taylor）和贝尼尼奥·特里戈（Benigno Trigo）。我要感谢在爱欧纳学院与我共事的同事们：盖伦·巴里（Galen Barry）、T. J. 莫雷蒂（T.J. Moretti）、博努·森古普塔（Bonu Sengupta）、凯蒂·史密斯（Katie Smith）和拉查纳·乌马桑卡尔（Rachana Umashankar）。我很感激身边有这样机智、风趣、有爱的同事们。最后，我还要感谢我在纽约的好朋友们：扎伦·达达昌吉（Zareen Dadachanji）、伊丽莎白·埃登贝里（Elizabeth Edenberg）、莫妮卡·刘（Monica Liu）和西亚·埃利奥普洛斯（Sia Eliopoulos）。谢谢你们提醒我，让我知道生活里不只有写作。

注 释

第一章　为什么要说说闲散？

1. 尼尔·卡尔在"休闲与自由之间关系的再思考"（*Re-Thinking the Relation between Leisure and Freedom*）一文中，对现代资本主义社会中休闲与自由之间的关系进行了批判性分析。他认为，如今大多数人所体验的休闲主要是资本主义的一种功能，而不是一条通往个人启蒙的道路。休闲产业将社会可接受的休闲活动形式商品化，供我们消费；这些商品化的娱乐活动反过来提供了一个更新的劳动力，最终提高了生产力。

2. 萨瑟兰（Sutherland）在"休闲哲学"（*A Philosophy of Leisure*）一文中，提出了相反的观点。他坚持认为，大众不知道如何适当地享受休闲。因此，"职业精英"被赋予了教育普通公民的责任。这一群"小团体鉴赏家"要"创造和塑造品味，交流目的和技能，鼓励设施的发展，并承担文化倡议和文化传统发展的责任"（《休闲哲学》第3页）。

3. 卡尔·纽波特（Carl Newport）在《数字极简主义》（*Digital Minimalism*）一书中，对被动娱乐和主动娱乐的区别进行了有益的探讨。他在书中提出，我们需要优先考虑主动的、需要体力的活动而不是"被动消费"，比如不停地换电视频道或在智能手机上浏览社交媒体，从而"重新获得休闲"。

4. 例如，为考试而读书是工作，而为满足好奇心而读书是休闲。因此，工作和休闲的区别不是从活动的类型来理解，而是从动机的差异来理解的，但即使是这样的区分也很粗糙。读书既可以是为了备考，也可以是为了满足好奇心。我们的动机可以是不同的，但不会相互排斥。

5. 自由 App. https://freedom.to/.

6. 皮珀和克赖德尔使用"闲散"（idleness）这个词的方式完全不同，这可能掩盖了他们思维的相似性。

7. 这种态度让人想起《伊索寓言》中的《狐狸和葡萄》的故事。狐狸试了几次都没有成功，他认为葡萄一定是酸的，反正他并不是真的想要。就像狐狸吃不到葡萄说葡萄酸一样，这些中国学者认为公务员的生活并不理想。他们开始偏爱一种不同的生活方式——闲适的生活。

8. 陶渊明也叫"陶潜"。

9. 陶渊明，《归去来兮辞》；"幼稚盈室，瓶无储粟"，自译。

10. 陶渊明，《归去来兮辞》；"饥冻虽切，违己交病"，自译。

11. 大卫·辛顿（David Hinton）的翻译是："I am not bowing down to some clod-hopper for a measly bushel of rice."（见陶渊明，《诗选》，第12页）。

12. 事实上，奥康纳明确表示，他的书并非提倡无所事事。实际上，"人们对闲散的矛盾心理在很大程度上影响了我们许多人对自己的看法，而积极的建议可能会低估这种矛盾心理对人们看法的影响"（《闲散的哲学》，第2页）。

13. 我试图说明的是，赞成休闲/闲散的哲学论点有不同的风格。为了简单起见，我将这些思想家归纳为"崇尚休闲"或"反对勤奋"两类。

14. "机器人"一词源于捷克语中表示强迫劳动的词——robota。

15. 奥康纳在讨论史蒂文森（Stephenson）的问题中提出了类似的观点。他指出，史蒂文森所辩护的那种闲散行为仍然有利于自我创造（《闲散的哲学》，第171页）。

16. 奥康纳认为，为了把闲散看作自由的一种形式，可以说，闲人必须承认自己闲散。闲人知道，这就是他们选择的生活方式。闲散是一种偏好，是选择的一种生活方式（《闲散的哲学》，第180页）。

17. 科恩特别想到的是绝对怀疑主义。绝对怀疑主义者并不否认知识的可能性；相反，他暂停对所有问题的判断，以达到智力上的平静。

18. 有趣的是，网红有时被称为"关键意见领袖"。

19. 奥康纳似乎想两者兼得。一方面，他坚持认为闲散没有意义；另一方面，他坚持认为闲散是一种刻意选择的生活方式。奥康纳能鱼与熊掌兼得吗？这将取决于我们如何理解"目的"，以及在考虑和选择生活方式时，闲散扮演什么角色（如果有的话）。实际上，奥康纳所谓的闲人都知道，当他们选择闲散作为一种生活方式时，他们的目的是什么。

第二章　闲散者有哪些不同类型？

1. 照片墙账号"互联网富二代"。
2. 艾伦，"炫富挑战"。
3. 德尔瓦莱，"#炫富挑战"。
4.《都市浪人》剧本，第21—22页。

第三章　好莱坞式闲散者是十足的闲散者吗？

1.《年少轻狂》剧本，第10~11页。
2.《歪小子斯科特》剧本，第2页。
3.《情色自拍》剧本，第48页。
4.《上班一条虫》剧本，第15页。
5.《上班一条虫》剧本，第15页。
6.《上班一条虫》剧本，第25页。
7.《上班一条虫》剧本，第29页。
8.《上班一条虫》剧本，第30页。
9.《上班一条虫》剧本，第31页。
10.《上班一条虫》剧本，第65页。
11. 我要感谢一位匿名审稿人的建议，他提出了"闲散者是无缘无故型叛逆

注

释

者"的分类。最终，我放弃了"反抗者"这个词，因为如果一个闲散者是为了抗议而故意闲散，那么他们就是真正有理由的唱反调型闲散者。

12.《谋杀绿脚趾》剧本，第3页。

13.《谋杀绿脚趾》剧本，第12页。

14.《谋杀绿脚趾》剧本，第21页。

15.《上班一条虫》剧本，编剧凯文·史密斯，第88页。

16.《上班一条虫》剧本，编剧凯文·史密斯，第34页。

17.《上班一条虫》剧本，编剧凯文·史密斯，第22页。

18.《上班一条虫》剧本，编剧凯文·史密斯，第143页。

第四章　如何识别学术闲散者？

1. 研究人员发现，人们把拖延作为一种调节短期情绪（如焦虑、无聊）的手段。见蒂莫西·皮奇尔，菲夏·西罗伊斯，《拖延症、情绪调节和幸福感》。

2. 除了内在激励和外在激励外，洛克和沙特克还将成就确定为一个重要的动机。即使一个学生不是特别喜欢做研究和写作的过程，即使这个学生不想给人留下深刻印象，他仍然可能被一种想要做好的渴望所激励。取得好成绩或知道自己写了一篇好论文本身就是一种自豪的来源，而取得成就本身就是学习的充分动力。

3. 考虑到我们谈论的是闲散学生，这个估计可能太过慷慨了。

4. 2018年，一名30岁男子被父母正式驱逐的新闻一时吸引了媒体的注意。见查普尔，《法官支持纽约父母》。

5. 事实上，教授们在行政工作上花了大量的时间。见弗莱厄蒂，《这么少的时间要做这么多事》。

6. 关于自我鞭笞型闲散教授的例子，见麦克费尔，《生产力被高估了》。

7. 除了期刊（主要是经济学），它们的顺序是按字母顺序确定的。

8. 布兰德等人在《超越作者署名》一文中，提出了一种分类法，以澄清不同贡献者对出版物的输入并使之标准化。

9. 例如，国际医学期刊编辑委员会（ICMJE）发布了一项关于作者署名的详细建议的指南。有一系列医学期刊声明他们遵循国际医学期刊编辑委员会的建议。见http://www.icmje.org /journals-following-the icmje-recommendations /。

10. 这是一个多伦多大学的学生佩恩对懒惰教授的生动描述，名为《我的教授很懒惰》。

第五章　闲散是道德败坏吗？

1. 如果他们没有拒绝这个请求，很可能是因为他们希望安抚他人，而不是因为他们觉得自己有一种让自己有用的内在动力。

第六章　如果人人都很闲散会怎样？

1. 康德在这句话中讨论的是道德的完美，但它也适用于我们的目的。康德，第6章，第446页（格雷戈尔，第241页）。

2. 一个人自杀是为了"逃离一个负担沉重的条件"，这是理性存在把自己作为达到目的的手段的一个例子。康德，第4章，第429页（伍德，第47页）。

3. 康德在《道德形而上学》中确实考虑了一个相关的问题。他一度讨论了一个人缺乏"道德禀赋"的可能性，比如"道德感、良心、爱邻居和尊重自己"。康德，第6章，第339页；格雷戈尔，第200页。康德只是否认任何（理性的）人会缺乏这些道德禀赋。反社会者可能缺乏良知，但他们也不理性。康德认为，无法想象任何人都没有这些道德情感。因此，也许康德也会对"价值"说同样的话——理性存在永远不会不在乎对价值的追求。

221

第七章　闲散者有身份危机吗?

1. 法兰克福还谈到了关注（关心）某件事和一个人的身份之间的联系。在《我们所关心的东西的重要性》一文中，他写道："一个关心某件事的人，可以说是关注于这件事。他把自己和他所关心的东西等同起来，因为他使自己容易受到损失并受到利益的影响，这取决于他所关心的东西是被削弱了还是增强了。"

2. 奥康纳在对史蒂文森的讨论中暗示了这一点。他指出，史蒂文森的闲散理论是迎接自我实现挑战的另一种方式，他从未质疑一个人的身份的首要性。

3. 在罗素和希彭看来，闲散（或休闲）对于文明和个人的进步是不可或缺的；在皮珀看来，闲散使我们从世俗中解脱出来，使我们活得有尊严；在林语堂看来，闲散是有原则、有尊严地拒绝物质成功；在奥康纳和科恩看来，闲散是一种更真实的自由形式。

4. 考虑到奥康纳对史蒂文森的评论，或许他对闲散的看法是一个例外。但是，尽管奥康纳可能没有强调自我创造的重要性，但他确实把闲散的自由作为一种更真实的自由形式呈现了出来。正如我在第一章中指出的那样，尽管他声称自己并不是在提倡闲散，但要把他关于闲散自由的概念视为价值中立还是相当困难的。

参 考 文 献

1. *A $23,000 Film Is Turning into a Hit.* The New York Times, August 7, 1991. https://www.nytimes.com/1991/08/07/movies/a-23000-film-is-turning-into-a-hit. html.

2. Adams, James Truslow. *To "Be" or to "Do": A Note on American Education.* Forum, June 1929, 321-327. https://www.unz.com/print/Forum-1929jun-00321/.

3. Aesop. Æsop's Fables: Illustrated by E. Griset. London: Casell & Company, 1893.

4. Alexander, Julia. *Netflix Adds 15 Million Subscribers as People Stream More Than Ever, but Warns about Tough Road Ahead.* The Verge, April 21, 2020. https://www.theverge.com/2020/4/21/21229587/netflix-earnings-coronavirus-pandemic-streaming-entertainment.

5. Allen, Kerry. *Falling Stars Challenge: China's Twist on the Young Rich Millennial Meme.* BBC News, October 25, 2018. https://www.bbc.com/news/world-asia-china-45970776.

6. Aristotle. *Nicomachean Ethics.* Edited by Roger Crisp. Cambridge: Cambridge University Press, 2000.

7. Askarinam, Leah, and National Journal. *Asian Americans Feel Held Back at Work by Stereotypes.* Atlantic, January 26, 2016. https://www.theatlantic. com/politics/archive/2016/01/asian-americans-feel-held-back-atwork-by-stereotypes/458874/.

8. Austin, Patrick Lucas. *5 Tips for Staying Productive While You're Working from Home.* Time, March 12, 2020. https://time.com/5801725/work-from-home-remote-tips/.

9. Brand, Amy, Liz Allen, Micah Altman, Marjorie Hlava, and Jo Scott. Beyond

Authorship: Attribution, Contribution, Collaboration, and Credit. Learned Publishing 28, no. 2 (April 1, 2015): 151-155. https://doi.org/10.1087/20150211.

10. Buckley, Cara. "Never Thought I Would Need It": Americans Put Pride Aside to Seek Aid. The New York Times, March 31, 2020. https://www.nytimes.com/2020/03/31/us/virus-food-banks-unemployment.html.

11. Carr, Neil. Re-Thinking the Relation between Leisure and Freedom. Annals of Leisure Research 20, no. 2 (2016): 137-151. https://doi.org/10.1080/11745398.2016.1206723.

12. Castiglione, Baldassarre. *The Book of the Courtier.* Translated by Leonard E.Opdycke. Lawrence, KS: Digireads, 2009.

13. Chappell, Bill. "Judge Backs N.Y. Parents, Saying Their 30-Year-Old Son Must Move Out." NPR, May 23, 2018. https://www.npr.org/sections/thetwo-way/2018/05/23/613616315/judge-backs-n-y-parents-saying-their-30-year-old-son-must-move-out.

14. Cohen, Josh. *Not Working: Why We Have to Stop.* London: Granta, 2018.

15. Comer, Todd A. *"This Aggression Will Not Stand"*: Myth, War, and Ethics in The Big Lebowski." SubStance 34, no. 2 (2005): 98-117. https://doi.org/10.1353/sub.2005.0026.

16. Davis, A.R. The Character of a Chinese Scholar-Official as Illustrated by the Life and Poetry of T'Ao Yuan-Ming. Arts: Proceedings of the Sydney University Arts Association 1, no. 1 (1958): 37-46. https://openjournals.library.sydney.edu.au/index.php/ART/article/view/5417/6160.

17. Del Valle, Gaby. The #FallingStars Challenge Highlights Extreme Wealth - and Extreme Inequality. Vox, October 26, 2018. https://www.vox.com/the-goods/2018/10/26/18030032/falling-stars-challenge-income-inequality.

18. Descartes, René. Meditations on First Philosophy. In Epistemology: Contemporary Readings, edited by Michael Huemer and Robert Audi, 513-523. London: Routledge, 2008.

19. Douse Slacker in Paint. Sausalito News, August 31, 1918. California Digital Newspaper Collection, UC Riverside. Accessed June 6, 2020. https://cdnc.ucr.edu/?a=d&d=SN19180831.2.32&e=-------en--20--1--txttxIN--------1.

20. Flaherty, Colleen. So Much to Do, So Little Time. Inside HigherEd, April

闲散一些也无可厚非

9, 2014. https://www.insidehighered.com/news/2014/04/09/research-shows-professors-work-long-hours-and-spend-much-day-meetings.

21. Frankfurt, Harry. The Importance of What We Care About. Synthese 53, no. 2 (1982): 257-272. https://doi.org/10.1007/bf00484902.

22. Garcia, Sandra E. Staying Safe While Delivering Weed in the Pandemic. The New York Times, April 10, 2020. https://www.nytimes.com/2020/04/10/us/weed-cannabis-delivery-coronavirus.html.

23. Greene, A., 2014. Flashback: Watch The Original, Grisly Ending To "Clerks". Rolling Stone. https://www.rollingstone.com/movies/movie-news/flashback-the-original-clerks-ending-where-dante-dies-44709/.

24. Hassan, Adeel. Confronting Asian-American Stereotypes. The New York Times, June 23, 2018. https://www.nytimes.com/2018/06/23/us/confronting-asian-american-stereotypes.html.

25. Headlee, Celeste Anne. Do Nothing: How to Break Away from Overworking, Overdoing, and Underliving. New York: Harmony Books, 2020.

26. Heil, Emily. People Are Baking Bread Like Crazy, and Now We're Running out of Flour and Yeast. The Washington Post, March 24, 2020. https://www.washingtonpost.com/news/voraciously/wp/2020/03/24/people-are-ba king-bread-like-crazy-and-now-were-running-out-of-flour-and-yeast/.

27. Hess, Amanda. The Medical Mask Becomes a Protest Symbol. *The New York Times*, June 2, 2020. https://www.nytimes.com/2020/06/02/arts/virus-mask-trump.html.

28. Hoad, Phil. Kevin Smith: How We Made Clerks. The Guardian, May 7, 2019. https://www.theguardian.com/film/2019/may/07/how-we-madeclerks-kevin-smith.

29. Hunt, Melissa G., Rachel Marx, Courtney Lipson, and Jordyn Young. No More FOMO: Limiting Social Media Decreases Loneliness and Depression. Journal of Social and Clinical Psychology 37, no. 10 (2018): 751-768. https://doi.org/10.1521/jscp.2018.37.10.751.

30. ICMJE. Defining the Role of Authors and Contributors. International Committee of Medical Journal Editors, Accessed June 13, 2020. http://www.icmje.org/recommendations/browse/roles-and-responsibilities /defining-the-

role-of-authors-and-contributors.html#two.

31. James, Aaron. *Assholes: A Theory.* New York: Anchor, 2014.

32. Kant, Immanuel. *The Metaphysics of Morals.* Translated by Mary Gregor. Cambridge: Cambridge University Press, 1991.

33. Kant, Immanuel. *Groundwork for the Metaphysics of Moral.* Edited and Translated by Allen W. Wood. New Haven, CT: Yale University Press, 2002.

34. Kappler, Maija. "It's OK If You're Not 'Making the Most Of' This Pandemic." HuffPost Canada, April 16, 2020. https://www.huffingtonpost.ca/entry/coronavirus-product ivity-ment al-he alth_ca_5e80e5c7c5b6cb9dc1a22d88.

35. Kazecki, Jakub. "What Makes a Man, Mr. Lebowski?": Masculinity under (Friendly) Fire in Ethan and Joel Coen's The Big Lebowski. Atenea 28, no. 1 (June 2008): 147-159.

36. Keay, Lara. Jersey D-Day World War Two Veteran Harry Fenn Makes Emotional Plea to Young Sit on the Couch. Daily Mail Online, March 25, 2020. https://www.dailymail.co.uk/news/article-8150519/Jersey-DDay-World-War-Two-veteran-Harry-Fenn-makes-emot ional-plea-young-sit-couch.html.

37. Koran, Mario. Life under "Shelter in Place": Long Lines, Empty Roads, Panic-Buying Cannabis. The Guardian, March 17, 2020. https://www.the guardian.com/world/2020/mar/17/life-under-shelter-in-place-long-lines-empty-roads-panic-buying-cannabis.

38. Kreider, Tim. The "Busy" Trap. The New York Times, June 30, 2012. https://opinionator.blogs.nytimes.com/2012/06/30/the-busy-trap/.

39. Kulish, Nicholas. "Never Seen Anything Like It": Cars Line Up for Miles at Food Banks. The New York Times, April 8, 2020. https://www.nytimes.com/2020/04/08/business/economy/coronavirus-food-banks.html.

40. Lafargue, Paul. The Right to Be Lazy: Essays by Paul Lafargue. Edited by Bernard Marszalek. Oakland, CA: AK Press, 2011.

41. Leckrone, J. Wesley. Hippies, Feminists, and Neocons: Using the Big Lebowski to Find the Political in the Nonpolitical. PS: Political Science & Politics 46, no. 1 (2013): 129-136. https://doi.org/10.1017/s1049096512001321.

42. Legaspi, Althea. Larry David Addresses the "Idiots Out There" in California

Coronavirus PSA. Rolling Stone, March 31, 2020. https://www.rollings tone. com/tv/tv-news/larry-david-california-coronavirus-psa-976300/.

43. Levenson, Eric. Officials Keep Calling the Coronavirus Pandemic a "War." Here's Why. CNN, April 2, 2020. https://www.cnn.com/2020/04/01/us/war-on-coronavirus-attack/index.html.

44. Levy, David C. Do College Professors Work Hard Enough? The Washington Post, March 23, 2012. https://www.washingtonpost.com/opinions/docollege-professors-work-hard-enough/2012/02/15/gIQAn058VS_story.html.

45. Lightman, Alan. *In Praise of Wasting Time.* New York: TED Books, 2018.

46. Lin, Yutang. *The Importance of Living.* New York: Willam Morrow, 1998.

47. Locke, Edwin A., and Kaspar Schattke. Intrinsic and Extrinsic Motivation: Time for Expansion and Clarification. Motivation Science 5, no. 4 (2019): 277-290. https://doi.org/10.1037/mot0000116.

48. Lorenz, Taylor. Stop Trying to Be Productive. The New York Times, April 1, 2020. https://www.nytimes.com/2020/04/01/style/productivity-coronavirus. html.

49. MacPhail, Theresa. OK, I Admit It: Productivity Is Overrated. Chronicle of Higher Education, July 29, 2019. https://www.chronicle.com/article/OKI-Admit-It-Productivity/246744.

50. McCalmont, Lucy. Walker Urges Professors to Work Harder. POLITICO, January 29, 2015. https://www.politico.com/story/2015/01/scottwalker-higher-education-university-professors-114716.

51. McNutt, Marcia K., Monica Bradford, Jeffrey M. Drazen, Brooks Hanson, Bob Howard, Kathleen Hall Jamieson, Véronique Kiermer, et al. Transparency in Authors' Contributions and Responsibilities to Promote Integrity in Scientific Publication. Proceedings of the National Academy of Sciences of the United States of America 115, no. 11 (February 27, 2018): 2557-2560. https://doi. org/10.1073/pnas.1715374115.

52. Millard, Drew. There's No Such Thing as "Productivity" during a Pandemic. The Outline, March 26, 2020. https://theoutline.com/post/8883/working-from-home-during-the-coronavirus-pandemic-is-not-a-recipe-for-productivity? zd=1&zi=ddfqlfn3.

53. Mountz, Alison, Anne Bonds, Becky Mansfield, Jenna Loyd, Jennifer Hyndman, Margaret Walton-Roberts, Ranu Basu, et al. For Slow Scholarship: A Feminist Politics of Resistance through Collective Action in the Neoliberal University. ACME: An International Journal for Critical Geographies, August 18, 2015. https://www.acme-journal.org/index.php/acme/article/view/1058.

54. Musu, Costanza. War Metaphors Used for COVID-19 Are Compelling but Also Dangerous. The Conversation, April 8, 2020. https://theconversation.com/war-metaphors-used-for-covid-19-are-compelling-but-also-dangerous-135406.

55. Net for Slackers To Be Nation-Wide. The New York Times, September 2, 1918. https://timesmachine.nytimes.com/timesmachine/1918/09/02/98270704.html.

56. Newport, Cal. *Digital Minimalism: On Living Better with Less Technology.* New. York: Penguin Books Ltd., 2019.

57. Noguchi, Yuki. 8 Tips to Make Working From Home Work For You. NPR, March 15, 2020. https://www.npr.org/2020/03/15/815549926/8-tips-to-make-working-from-home-work-for-you.

58. Obama, Michelle. Transcript: Michelle Obama's Convention Speech. NPR, September 5, 2012. https://www.npr.org/2012/09/04/160578836/transcript-michelle-obamas-convention-speech.

59. O'Connor, Brian. *Idleness: A Philosophical Essay. Princeton,* NJ: Princeton University Press, 2018.

60. Odell, Jenny. How to Do Nothing: Resisting the Attention Economy. Brooklyn, NY: Melville House, 2019.

61. Owens, Joseph. Aristotle on Leisure. Canadian Journal of Philosophy 11, no. 4 (December 1981): 713-723.

62. Penn, Anita. My Professors Are Lazy. The Varsity, March 17, 2015. https://thevarsity.ca/2015/03/16/my-professors-are-lazy/.

63. Pieper, Josef. *Leisure, the Basis of Culture.* Translated by Gerald Malsbary. South Bend, IN: St. Augustine's Press, 1998.

64. Porter, Tom. Trump Shared a Tweet Mocking Biden for Wearing a Face Mask in Public - in Line with the CDC Advice That the President Routinely Ignores,

闲散一些也无可厚非

May 26, 2020. https://www.businessinsider.com/trump-shares-tweet-mocking-biden-face-mask-coronavirus-2020-5.

65. Pychyl, Timothy, and Fuschia Sirois. Procrastination, Emotion Regulation, and Well-Being. In Procrastination, Health, and Well-Being, edited by Timothy A. Pychyl and Fuschia M. Sirois, 163-188. Netherlands: Elsevier Science, 2016.

66. Ratcliffe, Susan, ed. Linda Evangelista. In Oxford Reference. Oxford University Press, 2016. https://www.oxfordreference.com/view/10.1093/acref/9780191826719.001.0001/q-oro-ed4-00016802.

67. Rich Kids Of the Internet. RKOI Instagram Account. Instagram. Accessed June 15, 2020. https://www.instagram.com/rkoi/?hl=en.

68. Ruiz, Michelle. 11 Tips for Work From Home Without Losing Your Mind. *Vogue*, April 6, 2020. https://www.vogue.com/article/work-from-home-tips.

69. Russell, Bertrand. *In Praise of Idleness*: And Other Essays. New York: Routledge, 2004.

70. Salles, Arghavan, and Jessica Gold. The Problem with Comparing Health Care Workers to Soldiers on Memorial Day. *Vox*, May 25, 2020. https://www.vox.com/first-person/2020/5/25/21267541/coronavirus-covid-19-memorial-day-doctors-soldiers-nurses-health-care-workers.

71. Schwartz, Nelson D., Ben Casselman, and Ella Koeze. How Bad Is Unemployment? "Literally Off the Charts". *The New York Times*, May 8,2020. https://www.nytimes.com/interactive/2020/05/08/business/economy/april-jobs-report.html.

72. Serhan, Yasmeen. The Case Against Waging "War" on the Coronavirus. Atlantic, March 31, 2020. https://www.theatlantic.com/international/archive/2020/03/war-metaphor-coronavirus/609049/.

73. Shippen, Nichole Marie. *Decolonizing Time: Work, Leisure and Freedom.* New York: Palgrave Macmillan, 2014.

74. "Slacker Records" Drafted for War. The New York Times. Accessed June 6, 2020. https://timesmachine.nytimes.com/timesmachine/1918/09/29/109330352.html.

75. Smith, Kiona N. Protesting During A Pandemic Isn't New: Meet the AntiMask League Of 1918. Forbes Magazine, April 29, 2020. https://www.forbes.com/

sites/kionasmith/2020/04/29/protesting-during-a-pandemic-isnt-new-meet-the-anti-mask-league/#77aeca5412f9.

76. Speare-Cole, Rebecca. Piers Morgan Launches Angry Rant at Britons Failing to Stay at Home. Evening Standard, March 23, 2020. https://www.standard.co.uk/news/uk/piers-morgan-good-morning-britain-rant-coronavirus-people-outside-a4394466.html.

77. Stack, Megan K. Bravery and Nihilism on the Streets of Hong Kong. New Yorker, August 31, 2019. https://www.newyorker.com/news/dispatch/bravery-and-nihilism-amid-the-protests-in-hong-kong.

78. Stern, Alexandra Minna, and Howard Markel. Pandemics: The Ethics of Mandatory and Voluntary Interventions. The Hastings Center. Bioethics Briefings. Accessed June 6, 2020. https://www.thehastingscenter.org/briefingbook/pandemic/.

79. Sutherland, Willard C. Philosophy of Leisure. Annals of the American Academy of Political and Social Science 313 (September 1957): 1-3.

80. Tao, Chien (Yuan Ming) The Selected Poems of T'ao Ch'ien . Translated by David Hinton. Port Townsend, WA: Copper Canyon Press, 2016.

81. Tao, Yuanming. Homecoming. Accessed June 10, 2020. https://fanti.dugushici.com/ancient_proses/70573.

82. Tomes, Nancy. "Destroyer and Teacher": Managing the Masses during the 1918—1919 Influenza Pandemic. Public Health Reports 125, no. Supplement 3 (2010): 48-62. https://doi.org/10.1177/00333549101250s308.

83. Tsui, Bonnie. You Are Doing Something Important When You Aren't Doing Anything. The New York Times, June 21, 2019. https://www.nytimes.com/2019/06/21/opinion/summer-lying-fallow.html.

84. Vannucci, Anna, Kaitlin M. *Flannery, and Christine Mccauley Ohannessian.* Social Media Use and Anxiety in Emerging Adults. Journal of Affective Disorders 207 (2017): 163-166. https://doi.org/10.1016/j.jad.2016.08.040.

85. Venkatraman, Vijaysree. Conventions of Scientific Authorship. Science(2010). https://doi.org/10.1126/science.caredit.a1000039.

86. Wall, Brian. "Jackie Treehorn Treats Objects Like Women!": Two Types of Fetishism in The Big Lebowski. Camera Obscura: Feminism, Culture, and

Media Studies 23, no. 3 (2008): 111-135. https://doi.org/10.1215/02705346-2008-009.

87. Weber, Max. *The Protestant Ethic and the Spirit of Capitalism.* Translated by Talcott Parsons. London: Routledge, 2001.

88. Weeks, Kathi. *The Problem with Work: Feminism, Marxism, Antiwork Politics, and Postwork Imaginaries.* Durham, NC: Duke University Press, 2011.

89. Wilkinson, Alissa. Pandemics Are Not Wars. Vox, April 15, 2020. https://www.vox.com/culture/2020/4/15/21193679/coronavirus-pandemic-war-metaphor-ecology-microbiome.

90. Wolf, Zachary B. Forget Pork. Here's Why You Can't Buy Flour. CNN, May 2,2020. https://www.cnn.com/2020/05/02/politics/what-mattersmay-1/index.html.

91. Wollan, Malia. At the San Antonio Food Bank, the Cars Keep Coming. The New York Times, May 26, 2020. https://www.nytimes.com/interactive/2020/05/26/magazine/coronavirus-san-antonio-unemploymentjobs.html.

92. Woods, Heather Cleland, and Holly Scott. #Sleepyteens: Social Media Use in Adolescence Is Associated with Poor Sleep Quality, Anxiety, Depression and Low Self-Esteem. Journal of Adolescence 51 (2016): 41-49. https://doi.org/10.1016/j.adolescence.2016.05.008.

93. Zimmerman, Douglas. San Francisco Forced People to Wear Masks during the 1918 Spanish Flu Pandemic. Did It Help? San Francisco Chronicle, April 10, 2020. https://www.sfgate.com/coronavirus/article/1918-pandemic-masks-bay-area-california-15185425.php.

94. Zomorodi, Manoush. *Bored and Brilliant: How Spacing out Can Unlock Your Most Productive and Creative Self.* New York: Picador, 2018.

参考文献